SAFON UWCH
CANLLAW I FYFYRWYR

CBAC

Hanes

Uned 5:
Dehongliadau Hanesyddol
(asesiad di-arholiad)

Phil Star

HODDER
EDUCATION
AN HACHETTE UK COMPANY

CBAC Safon Uwch Hanes Uned 5: Dehongliadau Hanesyddol (asesiad di-arholiad). Canllaw i Fyfyrwyr

Addasiad Cymraeg o *WJEC A Level History Unit 5: Historical interpretations (non-examination assessment)* a gyhoeddwyd yn 2019 gan Hodder Education

Ariennir yn Rhannol gan **Lywodraeth Cymru**
Part Funded by **Welsh Government**

Cyhoeddwyd dan nawdd Cynllun Adnoddau Addysgu a Dysgu CBAC

Hodder Education, an Hachette UK Company, Carmelite House, 50 Victoria Embankment, London EC4Y 0DZ

Archebion

Bookpoint Ltd, 130 Milton Park, Abingdon, Oxfordshire OX14 4SB

ffôn: 01235 827720

ffacs: 01235 400401

e-bost: education@bookpoint.co.uk

Mae'r llinellau ar agor rhwng 9.00 a 5.00 rhwng dydd Llun a dydd Sadwrn, gyda gwasanaeth ateb negeseuon 24 awr. Gallwch hefyd archebu trwy wefan Hodder Education: www.hoddereducation.co.uk.

Llun y clawr: zhu difeng/Adobe Stock. Ffotograffau eraill: World History Archive/Alamy Stock Photo (t. 41); TopFoto.co.uk (t. 71)

Teiposodwyd gan Integra Software Services Pvt. Ltd., Puducherry, India.

Argraffwyd yn yr Eidal

Polisi Hachette UK yw defnyddio papurau sy'n gynhyrchion naturiol, adnewyddadwy ac ailgylchadwy o goed a dyfwyd mewn coedwigoedd cynaliadwy. Disgwylir i'r prosesau torri coed a gweithgynhyrchu gydymffurfio â rheoliadau amgylcheddol y wlad y mae'r cynnyrch yn tarddu ohoni.

Cynnwys

Arweiniad i'r Cynnwys

■ Gwneud y gorau o'r llyfr hwn

■ Enghraifft wedi'i chwblhau

Dyma enghraifft o asesiad di-arholiad wedi'i gwblhau. Mae'n cynnwys rhai sylwadau gan arholwr i ddangos i ba raddau mae'r traethawd yn bodloni'r meini prawf asesu.

Mae haneswyr yn anghytuno dros y rhesymau pam roedd y mudiad Hawliau Sifil yn llwyddiant. I ba raddau rydych chi'n cytuno mai arweinyddiaeth Martin Luther King oedd y prif reswm dros lwyddiant y mudiad Hawliau Sifil yn yr 1960au?

Mae'r cwestiwn yn rhoi cyfle i gynnig barn wedi'i chadarnhau – sylwch ar y defnydd o'r ymadrodd 'y prif reswm' – ac yn gwahodd dadansoddiad o ddadl hanesyddol bwysig, sef y rhesymau dros lwyddiant y mudiad Hawliau Sifil yn yr 1960au.

Roedd Martin Luther King yn hollbwysig yn llwyddiant y mudiad Hawliau Sifil. Cafodd ei brotestiadau heddychlon a'i areithiau pwerus gyhoeddusrwydd torfol yn fyd-eang, ac roedd ei gred mewn dulliau di-drais i gyflawni cydraddoldeb wedi ei ysbrydoli gan Gandhi a'r hyn wnaeth yntau wrth ymdrin â'r Ymerodraeth Brydeinig. Roedd rôl King yn hynod o arwyddocaol i'r mudiad cydraddoldeb Affricanaidd-Americanaidd, o weithredu'r Boicot Bysiau ganol yr 1950au hyd at ei farwolaeth yn 1968. Dyfarnwyd Gwobr Nobel iddo yn 1964 yn sgil ei areithiau dylanwadol, fel ei araith yn yr Orymdaith ar Washington y flwyddyn flaenorol, ac yn sgil pasio'r Ddeddf Pleidleisio a Hawliau Sifil pan oedd Johnson yn Arlywydd.

Mae awgrym o ateb yn y frawddeg gyntaf, ond gallai ganolbwyntio mwy o lawer ar y cwestiwn ei hun. Sylwch ar y llithro oddi wrth y 'llwyddiant' tuag at 'arwyddocâd'. Maen nhw'n gysylltiedig, ond dydyn nhw ddim yr un cysyniadau hanesyddol.

Er bod King yn hynod o bwysig yn y mudiad Hawliau Sifil a bod haneswyr yn ystyried mai ef oedd y prif reswm dros lwyddiant y mudiad, mae'n rhaid ystyried nifer o ffactorau eraill sy'n cyfrif am lwyddiannau niferus gan ffigurau allweddol eraill. Bydd y traethawd hwn yn dadlau yn erbyn y syniad mai arweinyddiaeth King yw'r prif reswm dros lwyddiant y mudiad Hawliau Sifil. Rhaid ystyried Lyndon B. Johnson, Malcolm X a nifer o grwpiau eraill oherwydd y gwaith mawr a wnaethon nhw wrth helpu Americaniaid du i gyflawni cydraddoldeb pan nad oedd dim yn bodoli. Pasiwyd deddfau ac enillwyd parch oherwydd y gwaith trawiadol a wnaed ganddyn nhw yn ystod yr 1960au.

Mae mwy o ffocws yn y paragraff hwn sy'n ceisio rhoi ateb yn gryno. Mae cyfeiriad at 'haneswyr', a bydd hyn, gobeithio, yn creu cyfle i edrych ar ddatblygiad y ddadl hanesyddol am lwyddiant y mudiad Hawliau Sifil yn yr 1960au.

Yn haf 1963, ymgasglodd 200,000 o ddynion a menywod yn Washington i wrando ar ddyn sy'n cael ei ystyried gan nifer yn ffactor mwyaf arwyddocaol y mudiad Hawliau Sifil. Ar 28 Awst cyflwynodd ei araith 'Mae gen i freuddwyd', gan dynnu sylw'r byd at Martin Luther King ei hun, a hefyd at y trais a'r anghyfiawnder yn erbyn Americaniaid du drwy'r cyfryngau.

Cwestiynau enghreifftiol

Enghreifftiau o atebion myfyrwyr

Arweiniad i'r Cynnwys

■ Beth yw'r asesiad di-arholiad?

Caiff CBAC Hanes Safon Uwch ei asesu drwy 5 uned. Caiff pedair o'r unedau hyn eu hasesu drwy arholiadau ysgrifenedig ffurfiol sy'n cael eu hamseru – Uned 1 (Astudiaeth o Gyfnod); Unedau 2 a 4 (Astudiaethau Manwl); ac Uned 3 (Astudiaeth Eang). Caiff yr unedau hyn eu harholi a'u hasesu gan arholwyr allanol CBAC.

Mae Uned 5, sef yr Asesiad Di-arholiad, yn wahanol. Hwn yw eich cyfle i lunio darn annibynnol o waith mewn perthynas â chwestiwn ar fater o ddadl hanesyddol. Dyma'r camau, yn fras:

- Byddwch chi'n trafod â'ch athro er mwyn cytuno pa gwestiwn rydych chi'n dewis ei ateb.
- Byddwch yn cwblhau'r ateb i'r cwestiwn.
- Bydd eich ateb yn cael ei asesu'n fewnol gan yr athro.
- Bydd yr ateb yn cael ei safoni gan CBAC.

Mae'r asesiad di-arholiad yn werth 20% o gyfanswm y marciau Safon Uwch, ac mae'n gyfwerth â phob un o'r pedwar arholiad ysgrifenedig. Caiff ei wneud yn ystod Blwyddyn 13 yn y rhan fwyaf o ganolfannau arholi yng Nghymru. Rhaid i chi gwblhau traethawd hyd at 4,000 o eiriau, gan drafod gwahanol ddehongliadau o destun penodol sydd wedi arwain at ddadlau hanesyddol sylweddol.

Yn y bôn, mae'r asesiad di-arholiad yn gofyn i chi ymchwilio a gwerthuso mater sy'n agored i nifer o ddehongliadau hanesyddol gwahanol. Bydd gofyn i chi ddangos gwybodaeth hanesyddol am y mater neu'r datblygiad dan sylw, a dangos eich bod yn deall pam mae haneswyr wedi dehongli'r materion neu'r datblygiadau hynny mewn ffyrdd gwahanol. Cewch gyfle hefyd i ddangos dealltwriaeth o ddulliau a ffyrdd haneswyr o weithio.

Yn yr Asesiad Di-Arholiad, bydd angen i chi wneud y canlynol:

- ystyried y ddadl hanesyddol sy'n datblygu am y mater yn y cwestiwn, drwy drafod o leiaf dau ddehongliad hanesyddol gwahanol neu gyferbyniol
- ymchwilio a bod yn ymwybodol o waith o leiaf dau hanesydd a'u dehongliadau

Cyngor

Er mwyn trafod y ddadl hanesyddol sy'n datblygu, mae angen gwneud mwy na rhestru haneswyr a'u dehongliadau. Mae angen astudio'r rhesymau pam mae dehongliadau o'r fath wedi datblygu.

Cyngor

Peidiwch ag ysgrifennu mwy na 4,000 o eiriau. Ni fyddai hyn yn bodloni meini prawf Band 6, sy'n mynnu cael ymateb sy'n 'eglur, rhesymegol, cryno ac wedi'i lunio'n dda'. Mae rhwng 3,300 a 3,800 o eiriau'n ddelfrydol.

Cyngor

'Dehongliadau' yw safbwyntiau haneswyr ar ddigwyddiadau a datblygiadau hanesyddol.

Yr enw sy'n cael ei roi weithiau ar ddatblygiad y ddadl hanesyddol yw 'hanesyddiaeth'. Ar adegau mae rhai yn meddwl mai ystyr 'hanesyddiaeth' yw amlinellu neu ailadrodd barn nifer o haneswyr. Ond nid dyma beth sydd ei angen mewn gwirionedd yn eich asesiad di-arholiad. Yn yr asesiad hwnnw, mae disgwyl i chi drafod y rhesymau sydd wedi annog datblygiad y ddadl hanesyddol ar y mater dan sylw. Mae hyn yn golygu gwerthuso dehongliadau'r haneswyr drwy ddeall eu cyd-destun gwreiddiol.

Rhan allweddol arall o'ch gwaith ar eich asesiad di-arholiad yw ymchwilio a dewis amrywiaeth o ddeunydd ffynhonnell cynradd/gwreiddiol a chyfoes. Ar ôl i chi ddewis ystod o ffynonellau a chymryd tystiolaeth ohonynt, bydd angen i chi drafod sut a pham gallai'r dystiolaeth hon fod o werth i haneswyr sy'n ffurfio dehongliadau gwahanol, cyferbyniol neu amgen. Mae angen gwneud mwy na dweud bod 'y ffynhonnell hon o werth i X oherwydd...'

Mae angen i chi ddefnyddio'r sgiliau rydych chi wedi'u datblygu wrth astudio hanes er mwyn gwerthuso ffynonellau, gan ddangos eich bod yn deall sut mae haneswyr yn ystyried amrywiaeth o dystiolaeth gynradd a/neu gyfoes wrth ddehongli.

Cyngor

Mae'r asesiad di-arholiad yn gadael i chi ddangos eich bod yn deall sut i ddefnyddio'r amrywiaeth o dystiolaeth gynradd a/neu gyfoes i gefnogi dehongliadau gwahanol neu gyferbyniol.

Crynodeb

- Mae'r asesiad di-arholiad yn gadael i chi ddefnyddio a dangos y sgiliau rydych chi wedi eu datblygu'n barod wrth astudio hanes.
- Cewch gyfle i ymchwilio, trafod a llunio barn ar y mater sydd yn eich cwestiwn.
- Bydd angen i chi ymchwilio a gwerthuso ffynonellau cynradd/gwreiddiol o wybodaeth.
- Bydd angen i chi drafod sut mae'r ddadl hanesyddol wedi datblygu mewn perthynas â'r mater dan sylw.

■ Testunau a chwestiynau

Mae'r dewis o destun a chwestiwn ar gyfer yr asesiad di-arholiad yn eang iawn. Er mwyn sicrhau bod y cwestiynau a osodir ar gyfer yr asesiad yn briodol ac yn gyson o ran yr hyn maen nhw'n ei ofyn gan y myfyrwyr, bydd yr holl gwestiynau yn cael eu cymeradwyo gan gymedrolwyr CBAC ymlaen llaw. Rhaid i athro yn eich ysgol neu'ch coleg wneud cais am gymeradwyaeth i'r cwestiwn.

Wrth osod cwestiwn ar gyfer eich asesiad, mae dau bosibilrwydd. Naill ai bydd eich athro'n cynnig cwestiwn ar ôl trafod â chi, neu cewch gyfle i ddewis un eich hun.

Dylai'r cwestiwn roi'r cyfle i chi gyflawni un neu ragor o'r canlynol:

- ymestyn a gwella eich gwybodaeth am agweddau ar hanes sydd wedi eu hastudio yn unedau ehangach y cwrs
- astudio testun sy'n ymestyn eich gwybodaeth hanesyddol, neu'n newid ystod neu faint eich gwybodaeth
- astudio mater dros gyfnod hirach o amser, fel nifer o ddegawdau
- astudio math gwahanol o hanes, fel hanes lleol neu ranbarthol
- ategu dysgu mewn meysydd astudio eraill, gan gynnwys cyfleoedd sy'n codi mewn pynciau eraill

Dewis cwestiwn addas ar gyfer yr asesiad di-arholiad

Os ydych chi'n dewis cwestiwn sy'n cael ei gynnig gan eich canolfan, neu'n dewis eich cwestiwn penodol eich hun, mae angen ystyried sawl peth er mwyn gwneud yn siŵr bod eich cwestiwn yn derbyn cymeradwyaeth CBAC.

Dyma fydd yn cael ei ystyried wrth ofyn a yw'ch cwestiwn yn addas:

- a yw'r pwnc yn fater hawdd ei adnabod neu'n un 'prif ffrwd'? Hynny yw, rhaid iddo beidio â bod yn rhy astrus neu aneglur
- a oes dadl hanesyddol glir dros y testun sydd yn y cwestiwn?
- a yw'r cwestiwn yn cynnwys term neu ddatganiad gwerthusol sy'n rhoi cyfle i chi lunio barn ddilys gyda chefnogaeth?
- a oes amrywiaeth ddigonol o ddeunydd cynradd neu gyfoes i chi allu gwerthuso'r dystiolaeth sy'n galluogi haneswyr i lunio'u dehongliadau amrywiol?

Os na fydd yr elfennau hyn yn bresennol, bydd yn amhosibl i chi ymdrin â'r holl amcanion asesu (AA) yn effeithiol, ac ni fydd eich cwestiwn yn cael ei gymeradwyo.

Mae un rheol bwysig arall i'w chofio wrth ddewis eich cwestiwn. Er mwyn sicrhau nad yw cynnwys y cwrs Hanes TAG yn rhy gyfyng yn gyffredinol, ni fydd yn bosibl i destun a chwestiwn eich asesiad di-arholiad ddod o'r cynnwys rydych chi'n ei astudio yn Astudiaeth Fanwl Unedau 2 a 4. Er enghraifft, os yw eich canolfan wedi dewis yr Astudiaeth Fanwl ar Argyfwng Canol Oes y Tuduriaid yn Uned 2 a 4, ni fydd yn bosibl gosod cwestiwn ar ddehongliadau gwahanol o fater diddymu'r mynachlogydd. Byddai hynny'n golygu bod 60% o gynnwys ac asesiad yr holl gwrs TAG o fewn cyfnod hanesyddol cyfyng iawn.

Er hynny, cewch ailymweld â thestunau o'r Astudiaeth o Gyfnod neu'r Astudiaeth Eang mewn rhagor o ddyfnder. Neu cewch ystyried testunau o hanes unrhyw le arall yn y byd, ar yr amod bod digon o ffynonellau cynradd/gwreiddiol a gwahanol ddehongliadau ar gael i chi allu cyfrannu at y drafodaeth am y mater.

Er na allwch seilio'r asesiad di-arholiad ar yr Astudiaeth Fanwl, gallwch ei seilio ar yr un cyfnod â blynyddoedd yr Astudiaeth Fanwl. Er enghraifft, os yw dysgwr yn astudio'r Almaen Natsïaidd 1933–45 yn Uned 4, gallai edrych ar bolisi dyhuddo ddiwedd yr 1930au o safbwynt Prydeinig, neu'r Dirwasgiad yn UDA yn ystod yr 1930au.

Cyngor

Mae term neu ddatganiad gwerthusol yn rhoi cyfle i arwain at drafodaeth ar y mater ac i lunio barn ddilys. Enghreifftiau o dermau gwerthusol yw ymadroddion fel 'yn bennaf' ac 'ar y cyfan'. Mae datganiadau gwerthusol yn cynnwys ymadroddion fel 'i ba raddau' a 'pa mor ddilys'.

Tasg 1

A fyddai'r cwestiynau hyn yn cael eu cymeradwyo ar gyfer asesiad di-arholiad?

Mae'r rhestr wirio ganlynol yn crynhoi'r gofynion ar gyfer cwestiwn asesiad di-arholiad:

- Ydy'r testun yn fater adnabyddus neu brif ffrwd?
- Oes yna ddadl hanesyddol glir am y pwnc sydd dan sylw yn y cwestiwn?
- Ydy'r cwestiwn yn defnyddio term gwerthusol sy'n rhoi cyfle i gynnal dadl?
- A oes amrywiaeth ddigonol o ffynonellau cynradd, er mwyn i fyfyriwr werthuso pa dystiolaeth sy'n galluogi haneswyr i wneud eu dehongliadau amrywiol?

Ystyriwch y cwestiynau canlynol yn ôl y rhestr wirio. Ydyn nhw'n bodloni'r gofynion?

- 'Mae Chamberlain yn haeddu cael ei feirniadu fel dyn euog am ei bolisi dyhuddo tuag at yr Almaen rhwng 1937 ac 1939.' Pa mor ddilys yw'r asesiad hwn o bolisi tramor Chamberlain hyd at y datganiad o ryfel ym mis Medi 1939?
- I ba raddau rydych chi'n cytuno bod bomio Hiroshima a Nagasaki wedi'i wneud gyda'r bwriad o godi ofn ar yr Undeb Sofietaidd?
- 'Ymdrech yr Almaen i sicrhau goruchafiaeth gyfandirol oedd yn bennaf cyfrifol am ddechrau rhyfel yn Ewrop yn 1914.' Pa mor ddilys yw'r asesiad hwn o'r rhesymau dros dwf tensiynau yn Ewrop rhwng 1878 ac 1914?
- 'Roedd Tân y Reichstag yn ymdrech fwriadol gan y Natsïaid i atgyfnerthu eu rheolaeth dros yr Almaen yn 1933.' Pa mor ddilys yw'r asesiad hwn o Dân y Reichstag?
- Mae haneswyr yn anghytuno am rôl Owain Glyndŵr. I ba raddau rydych chi'n cytuno â'r safbwynt nad oedd Owain Glyndŵr yn fwy nag ysbeiliwr a llofrudd yn y cyfnod rhwng 1400 ac 1415?
- 'Rhwystro ac arafu'r ymgyrch dros bleidlais i fenywod wnaeth y WSPU.' Pa mor ddilys yw'r asesiad hwn o effaith y WSPU rhwng 1906 ac 1918?
- 'Doedd y Llychlynwyr yn ddim mwy na dihirod oedd yn lladd offeiriaid yn yr Oesoedd Canol cynnar.' Pa mor ddilys yw'r asesiad hwn o wareiddiad y Llychlynwyr rhwng yr wythfed a'r unfed ganrif ar ddeg?

Unwaith y bydd eich cwestiwn wedi'i gymeradwyo gan uwch safonwyr CBAC, gallwch ddechrau gweithio ar eich asesiad di-arholiad ar unwaith.

Crynodeb

- Gwnewch yn siŵr bod y testun yn eich cwestiwn yn fater adnabyddus neu brif ffrwd.
- Gwnewch yn siŵr bod eich cwestiwn yn adlewyrchu dadl hanesyddol glir am y mater dan sylw yn y cwestiwn.
- Gwnewch yn siŵr bod eich cwestiwn yn cynnwys ymadrodd gwerthusol sy'n rhoi cyfle i chi lunio barn ddilys wedi'i chefnogi.
- Gwnewch yn siŵr eich bod yn gallu defnyddio amrywiaeth ddigonol o ddeunydd cynradd neu gyfoes i allu gwerthuso'r dystiolaeth yn effeithiol.
- Gwnewch yn siŵr nad ydych chi'n dewis cwestiwn sy'n rhy debyg i gynnwys yr Astudiaeth Fanwl rydych chi'n ei hastudio.

Sut caiff eich traethawd ei asesu?

Mae asesiad di-arholiad CBAC yn ymarfer lle mae angen cyfuno gwahanol rannau'r ateb er mwyn ymdrin â'r cwestiwn. Felly bydd angen gwerthuso deunydd o ffynhonnell gynradd/wreiddiol, a chysylltu hynny â'r broses o ffurfio dehongliadau amrywiol.

Amcanion asesu

Bydd eich athro yn asesu'r asesiad ac yn rhoi marc ar wahân ar gyfer pob un o'r tri AA TAG Hanes. Mae'r rhan hon o'r canllaw yn esbonio beth ydyn nhw, a sut maen nhw'n gymwys wrth asesu eich asesiad di-arholiad.

AA1

Mae amcan asesu 1 (AA1) yn golygu bod rhaid i chi wneud y canlynol:

> **Dangos, trefnu a chyfathrebu gwybodaeth a dealltwriaeth er mwyn dadansoddi a gwerthuso'r nodweddion allweddol sy'n perthyn i'r cyfnodau a astudiwyd, gan wneud safbwyntiau cadarnhaol ac archwilio cysyniadau, fel y bo'n briodol, o achos, canlyniad, newid, parhad, tebygrwydd, gwahaniaeth ac arwyddocâd.**

Mae'r asesiad di-arholiad yn cael ei farcio allan o 60, ac mae AA1 yn werth hyd at 15 marc – hynny yw, 25% o'r cyfanswm.

Wrth bennu bandiau a marciau ar gyfer AA1, bydd eich athro'n chwilio am dystiolaeth bod eich traethawd wedi'i strwythuro a'i ysgrifennu'n dda. Er mwyn pennu hyn, bydd yn chwilio am y canlynol:
- cyflwyniad clir
- cyfeiriadau rheolaidd at y cwestiwn dan sylw
- barn derfynol sy'n adlewyrchu canfyddiadau'r traethawd cyfan
- cyfuno a chysylltu drwy gydol y traethawd cyfan
- defnyddio gwybodaeth hanesyddol sy'n helpu i ddatblygu'r drafodaeth yn yr ateb

Nid yw eich athro'n dymuno gweld ateb sy'n gwneud dim mwy na disgrifio neu adrodd y cyd-destun hanesyddol cyffredinol, nac ateb sy'n gyfres o gwestiynau digyswllt.

AA2

Mae amcan asesu 2 (AA2) yn golygu bod rhaid i chi wneud y canlynol:

> **Dadansoddi a gwerthuso deunydd ffynhonnell priodol, sy'n gynradd a / neu'n gyfoes â'r cyfnod, o fewn ei gyd-destun hanesyddol.**

Mae AA2 hefyd yn werth hyd at 15 marc – sef 25% o'r cyfanswm.

Wrth bennu bandiau a marciau AA2, bydd eich athro'n dymuno:
- eich gallu i werthuso ffynonellau cynradd neu gyfoes o fewn eu cyd-destun hanesyddol
- eich sgiliau ymchwilio wrth ddod o hyd i nifer o ffynonellau cynradd a/neu gyfoes – rhwng 6 ac 8 ffynhonnell fel arfer

Cyngor

I ennill marciau AA1 bydd angen i chi roi cyflwyniad gyda ffocws clir, dangos cyswllt yn eich ateb, defnyddio gwybodaeth hanesyddol briodol, a dod i farn derfynol.

Cyngor

I ennill marciau ar gyfer AA2, dylech ddewis amrywiaeth o 6–8 o ffynonellau a'u gwerthuso o ran eu cyfraniad wrth ddangos sut a pham mae'r ddadl hanesyddol am y pwnc wedi datblygu.

- eich gallu i ddadansoddi'r ffynonellau a ddewiswyd er mwyn esbonio sut y ffurfiwyd gwahanol ddehongliadau a phrofi eu dilysrwydd
- defnyddio'ch sgiliau gwerthuso ffynhonnell i ddangos sut gallai'r ffynonellau rydych chi wedi'u dewis fod wedi dylanwadu haneswyr wrth lunio o leiaf dau ddehongliad cyferbyniol neu wahanol

AA3

Mae amcan asesu 3 (AA3) yn golygu bod rhaid i chi wneud y canlynol:

> **Dadansoddi a gwerthuso, mewn perthynas â'r cyd-destun hanesyddol, ffyrdd gwahanol y cafodd agweddau ar y gorffennol eu dehongli.**

Mae AA3 yn werth hyd at 30 marc – hynny yw, 50% o'r cyfanswm.

Wrth bennu bandiau a marciau ar gyfer AA3, bydd eich athro'n dymuno gwobrwyo'r canlynol:

- eich dealltwriaeth o'r ddadl hanesyddol sy'n datblygu ynghylch y mater yn y cwestiwn
- eich dealltwriaeth o'r rhesymau pam mae dehongliadau hanesyddol yn newid dros amser, a sut mae trafodaeth ar y mater wedi datblygu dros amser
- eich dealltwriaeth fod dehongliadau fel arfer yn ddilys wrth gael eu llunio, ond eu bod hefyd yn agored i'w herio, eu newid a'u datblygu dros amser wrth i wahanol haneswyr ymuno â'r drafodaeth ar y materion
- trafodaeth ar ddilysrwydd y dystiolaeth – dyma'r cysylltiad allweddol rhwng AA2 ac AA3 yn yr asesiad di-arholiad, a dyma pam mai'r ffordd orau o ymdrin â'r asesiad yw drwy ymagwedd gyfunol

Deall y cynllun marcio

Yn yr adran hon byddwn ni'n edrych ar sut bydd eich athro'n defnyddio'r marciau sydd ar gael yn y cynllun marcio. Caiff y rhain eu rhoi gan ddibynnu pa mor dda gallwch fodloni'r meini prawf sy'n diffinio'r amcanion asesu yn y cynllun marcio.

Os ydych chi'n deall y meini prawf hyn, gall hynny eich helpu i wybod beth i'w ddangos er mwyn cyrraedd y bandiau a'r marciau uchaf. Yn y lle cyntaf, mae angen i chi ddeall bod yr asesiad di-arholiad wedi'i gynllunio i'ch annog i lunio ymateb annibynnol ac unigol wrth ateb y cwestiwn. Bydd ymateb o'r fath yn cael ei farnu yn ei gyfanrwydd. Ond yn benodol, bydd eich athro'n edrych hefyd i weld pa mor dda mae meini prawf y cynllun marcio wedi cael eu bodloni.

Mae cynllun marcio yr asesiad di-arholiad wedi'i achredu a'i gyhoeddi. Mae i'w weld ym manyleb TAG Hanes CBAC ac yn Atodiad 1 ar ddiwedd y llyfr hwn.

Fel gyda phob cynllun marcio arall ar gyfer unedau TAG Hanes CBAC, mae cynllun marcio'r asesiad di-arholiad wedi'i osod mewn 6 band hierarchaidd. Mae gan bob band feini prawf sydd wedi'u cytuno, a rhain sy'n diffinio'r tri AA gwahanol i'w hasesu. Yr enw ar hwn yw cynllun marcio 'lefel yr ymateb'. Mae'r meini prawf yn y cynllun marcio yn diffinio pa nodweddion sydd i'w disgwyl yn y gwaith ar gyfer pob AA.

Cyngor

I ennill marciau AA3 bydd angen i chi ddangos eich bod yn deall sut a pham mae'r ddadl hanesyddol ar y mater yn y cwestiwn wedi datblygu.

Cymhwyso'r cynllun marcio

Wrth asesu eich traethawd, i ddechrau bydd eich athro yn defnyddio canllawiau CBAC i osod y traethawd o fewn un o chwe band y cynllun marcio.

Mae eich athro wedi cael arweiniad penodol mewn tri maes arbennig:

- Rhaid i'r broses o asesu'ch traethawd gael ei harwain gan y meini prawf sy'n ymwneud ag AA3. Mae hyn oherwydd bod AA3 yn werth 50% o'r marciau sydd ar gael, a hefyd oherwydd mai prif ofyniad yr asesiad di-arholiad yw eich bod yn ystyried, mewn perthynas â'r cyd-destun hanesyddol, y ffyrdd gwahanol mae agweddau ar y gorffennol wedi cael eu dehongli.
- Rhaid i'r marciau a'r bandiau ar gyfer AA1 ac AA2 beidio â bod yn uwch na'r marciau sy'n cael eu rhoi ar gyfer AA3. Bydd hyn yn atal ymgeiswyr rhag cael gormod o farciau am atebion sy'n canolbwyntio gormod ar ddisgrifio neu gyflwyno gwybodaeth yn unig, ac felly heb ganolbwyntio ar ateb y cwestiwn mewn ffordd sydd wedi'i integreiddio.

Wrth gymhwyso'r cynllun marcio, mae eich athro hefyd wedi cael cyngor i roi marciau i draethodau sy'n dangos sut mae'n bosibl dehongli tystiolaeth o'r ffynonellau cynradd/gwreiddiol a chyfoes mewn ffyrdd gwahanol. Rhaid i chi ddangos felly eich bod yn gallu gwerthuso amrywiaeth o ffynonellau yn eu cyd-destun hanesyddol, ac yn gallu trafod datblygiad y ddadl hanesyddol mewn perthynas â'r pwnc dan sylw. Ystyr cyd-destun hanesyddol yw'r sefyllfa lle cafodd y ffynhonnell ei chreu yn wreiddiol, a'i pherthynas â'r cwestiwn i'w ateb.

Beth yw ystyr y bandiau?

Yn y cynllun marcio, bydd yr atebion gwannaf yn cael eu gosod ym Mand 1, a'r atebion gorau ym Mand 6. Er mwyn deall natur pob band, mae'n hanfodol cofio mai 'dehongliadau' yw barn haneswyr am ddigwyddiadau hanesyddol. Bydd y cwestiwn a ddewiswch yn cynnwys dehongliad o fater neu ddatblygiad. Bydd angen asesu dilysrwydd hwn ochr yn ochr ag o leiaf un dehongliad gwahanol.

Band 1

Caiff Band 1 ei ddyfarnu i draethodau sy'n defnyddio dim ond ychydig o'r ffynonellau a ddewiswyd i drafod y dehongliad sydd yn y cwestiwn. Bydd atebion Band 1 yn canolbwyntio ar y dehongliad yn y cwestiwn yn unig, heb grybwyll na thrafod unrhyw ddehongliadau posibl eraill.

Band 2

Caiff Band 2 ei ddyfarnu am ddangos rhywfaint o wybodaeth a dealltwriaeth o'r dehongliad yn y cwestiwn, ac o leiaf rywfaint o ymwybyddiaeth o ddehongliad posibl arall. Ar lefel Band 2, ni fydd eich athro'n disgwyl gweld unrhyw resymu dilys ynghylch pam mae'r dehongliadau hyn yn amrywio. Bydd yn dyfarnu marciau is Band 2 i draethawd sy'n cynnig naratif ar y testun, a/neu yn rhoi cofnod disgrifiadol o'r hanesyddiaeth sy'n perthyn i'r mater yn y cwestiwn.

Cyngor

Ceisiwch osgoi rhestru gormod o enwau wrth drafod sut a pham mae dehongliadau gwahanol yn cael eu ffurfio. Mae hyn yn fformiwläig iawn ac yn defnyddio gwybodaeth heb reswm.

Band 3

Fel arfer mae traethodau Band 3 yn defnyddio amrywiaeth o ffynonellau cynradd i egluro agweddau ar y dehongliad yn y cwestiwn, yn ogystal ag un dehongliad arall o leiaf. Mae'r traethodau hyn gan amlaf yn gwerthuso ffynonellau, gan benderfynu a ydyn nhw'n 'ddefnyddiol' neu'n 'werthfawr' i'r dehongliadau dan sylw, yn hytrach na dangos unrhyw ddealltwriaeth wirioneddol o'r cysylltiad rhwng y ffynonellau a datblygiad y ddadl hanesyddol. Yn aml bydd traethodau Band 3 hefyd yn defnyddio'r ffynonellau i awgrymu mai'r rheswm dros y gwahaniaeth rhwng dehongliadau yw'r ffaith eu bod wedi eu hysgrifennu gan haneswyr gwahanol. Fyddan nhw ddim yn dangos ymwybyddiaeth glir o sut a pham mae dull haneswyr o ddewis ffynonellau yn gallu dangos datblygiad y ddadl hanesyddol.

Band 4

I gyrraedd marc Band 4, rhaid i chi ddangos rhywfaint o dystiolaeth o sgiliau gwerthuso ffynonellau wrth drafod y dehongliad yn y cwestiwn a dehongliadau posibl eraill, yn ogystal â rhai materion perthnasol am ddatblygiad y ddadl hanesyddol ynghylch y testun hefyd. Caiff marciau Band 4 eu rhoi am werthuso rhywfaint ar y ffynonellau dan sylw – sylwadau ar eu gwerth, eu defnyddioldeb, eu dibynadwyedd neu eu tuedd, er enghraifft – i ymdrin â'r cwestiwn ynghylch dilysrwydd dehongliad penodol. Ar lefel Band 4, bydd eich athro'n disgwyl ac yn derbyn rhai sylwadau cyffredinol i awgrymu pam mae dehongliadau'n amrywio – fel newid yn y dystiolaeth, neu dwf mudiadau hanesyddol gwahanol ar adegau gwahanol.

Bandiau 5 a 6

I sicrhau marc Band 5 neu 6, bydd raid i chi integreiddio eich ateb i fodloni gofynion AA2 ac AA3 yn arbennig. O'ch amrywiaeth o ffynonellau, dylech allu dangos *sut* a *pham* y byddai hanesydd yn ystyried ffynhonnell yn werthfawr fel tystiolaeth wrth lunio neu gefnogi dehongliad penodol. Dylech drafod dilysrwydd nifer o ddehongliadau eraill (dau o leiaf) a thrafod amrywiaeth o resymau dilys pam mae'r ddadl hanesyddol wedi newid dros amser. Dylech lunio barn â ffocws, gan ymdrin yn glir â dilysrwydd y dehongliad sydd yn y cwestiwn. Wrth benderfynu ym mha fand dylai osod yr ateb, bydd angen i'r athro ystyried ansawdd eich gwaith integreiddio ac ansawdd eich barn ar ddilysrwydd.

Crynodeb

- Bydd eich asesiad di-arholiad yn cael ei asesu gan ddefnyddio'r tri amcan asesu ar gyfer TAG Hanes.
- Ar gyfer AA1 mae angen i'ch ateb fod wedi'i strwythuro'n dda, gan gynnig barn wedi'i chefnogi ar y cwestiwn dan sylw.
- Ar gyfer AA2 mae angen i chi ddangos sut gallai ffynonellau cynradd fod wedi dylanwadu ar haneswyr wrth lunio dehongliadau gwahanol.
- Ar gyfer AA3 mae angen dangos eich bod yn deall sut gallai dadl fod wedi datblygu dros amser ymhlith haneswyr ynghylch y mater dan sylw.

Cyngor

Yn aml bydd ymatebion Band 3 yn cael eu hysgrifennu mewn dull mecanistig neu fformiwläig, gydag atebion yn cael eu cyflwyno mewn adrannau ar wahân.

Cyngor

Rhaid i ymatebion Band 6 ddadansoddi a gwerthuso'r ffynonellau cynradd a ddewiswyd er mwyn trafod dilysrwydd nifer o ddehongliadau amgen (dau, o leiaf). Bydd angen trafod amrywiaeth o resymau dilys i ddangos sut datblygodd y ddadl hanesyddol dros amser.

◼ Gweithio'n annibynnol

Cyn dechrau'r asesiad di-arholiad, mae'n hanfodol bod eich rôl chi a rôl eich athro yn glir. Rhaid i'ch asesiad fod yn *unigol* ac yn *annibynnol*.

- *Unigol* – rhaid iddo fod yn waith rydych chi wedi'i gynhyrchu ar eich pen eich hun, ac nid mewn grŵp neu gyda rhywun arall.
- *Annibynnol* — rhaid iddo fod yn waith rydych chi eich hun wedi'i gynhyrchu; gall eraill gyfrannu i raddau, ond dim ond i roi cyngor cyffredinol.

Oherwydd y diffiniadau hyn, mae rôl eich athro yn yr asesiad di-arholiad yn wahanol iawn i'r hyn sy'n cael ei ganiatáu yn unedau eraill y cwrs, gan fod y rheini'n cael eu hasesu'n allanol.

Rôl yr athro

Mae gan eich athro rôl hanfodol i'w chwarae wrth eich paratoi at dasg eich asesiad di-arholiad. Mae canllawiau clir sy'n diffinio beth gall rôl eich athro fod yn y broses.

Beth gall athrawon ei gynnig i fyfyrwyr cyn iddyn nhw ddechrau gweithio ar yr asesiad?

Cyn dechrau ymchwilio a llunio eich ateb, gall eich athro drafod meysydd cyffredinol gyda chi a'ch cyd-fyfyrwyr, fel y canlynol:

- dadansoddi a gwerthuso ffynonellau cynradd
- profi dilysrwydd gwahanol ddehongliadau
- cynllunio a strwythuro traethawd
- gwerth cynllunio a chadw cofnodion

Dylai eich athro gynnig sesiwn gyffredinol ar sgiliau i chi a'ch cyd-fyfyrwyr sy'n trafod ac yn dangos dulliau a sgiliau'r hanesydd. Gallai hyn gynnwys dulliau ymchwil, dulliau casglu tystiolaeth a thrin data, dadansoddi a gwerthuso ffynonellau, a llunio barn ar ddilysrwydd dehongliadau.

Dylai'r sesiwn gyffredinol hon ar sgiliau roi sylw hefyd i waith haneswyr wrth greu dehongliadau ac ymagweddau at ddadansoddi a gwerthuso dehongliadau hanesyddol gwahanol. Yn y sesiwn hon, mae'n iawn i'ch athro amlinellu'r prif drafodaethau hanesyddol mewn perthynas â chwestiynau'r asesiad di-arholiad sydd wedi'u cymeradwyo. Gall hyn gynnwys eich cynghori, neu drafod meysydd gwybodaeth posibl, gan gynnwys pa dystiolaeth gynradd sydd ar gael, a gwahanol ddehongliadau. Ni ddylai hyn gymryd mwy na dwy neu dair gwers, a dylai'r sesiynau hyn gael eu cynnig cyn i chi ddechrau ar draethawd eich asesiad.

Dylai eich athro roi gwybod i chi fod angen adnabod a thrafod amrywiaeth o ddehongliadau yn eich traethawd, gan gynnwys gwaith o leiaf ddau hanesydd neu ysgol hanes. Dylai eich athro sicrhau hefyd eich bod yn gwybod bod angen defnyddio'r amrywiaeth o ffynonellau cynradd a ddewisoch i ddangos tystiolaeth am y dehongliad(au) dan sylw.

Gall athrawon hefyd drefnu ymweliadau â llyfrgelloedd ac archifau, yn ogystal â threfnu darlithoedd gan siaradwyr gwadd a gweithgareddau grŵp eraill os yw'n briodol.

Wrth i'ch gwaith fynd rhagddo, gall eich athro wneud y canlynol:

- sicrhau eich bod yn cael cyngor ar sut i ddefnyddio llyfrau, erthyglau, pecynnau o ffynonellau a dogfennau, archifdai a'r rhyngrwyd, yn ôl yr angen, i ddatblygu sgiliau ymchwilio a chasglu tystiolaeth
- eich annog i gadw ffeil ar gyfer unrhyw nodiadau bras a deunyddiau, fel tystiolaeth o waith annibynnol ac er mwyn dilysu'r ymarfer
- eich cynorthwyo i ddatblygu sgiliau ymholi a chyflwyno, fel cadw cofnodion effeithiol a sgiliau cyfeirio a chynllunio
- goruchwylio eich gwaith – ond ni fydd yn cael awgrymu unrhyw welliannau neu newidiadau i ddrafft eich ateb y tu hwnt i dynnu'ch sylw at feini prawf y cynllun marcio

Eich rôl chi

Unwaith y bydd eich athro wedi cyflwyno'r asesiad di-arholiad a chyflwyno'r sesiwn sgiliau cyffredinol, gallwch chi ddechrau cynllunio ac ymchwilio ar gyfer eich asesiad.

Gallwch amserlennu eich cynllunio a'ch ymchwil yn ystod amser gwersi, yn eich amser eich hun, neu gyfuniad o'r ddau. Ond rhaid i chi ysgrifennu eich ateb fel gwaith annibynnol, a rhaid i'ch athro ddilysu mai chi sydd wedi gwneud yr holl waith. Byddai'n rhesymol i'ch athro wybod lle rydych chi arni. Ond gallwch wneud llawer o'r gwaith heb oruchwyliaeth uniongyrchol, cyn belled â bod yr athro'n fodlon mai eich gwaith chi eich hun yw'r gwaith. Bydd disgwyl i chi lofnodi datganiad hefyd, i ddweud mai chi yn unig sy'n gyfrifol am yr holl waith a gyflwynir.

Beth sydd angen i chi ei wneud – yn gryno

Fel dysgwr unigol ac annibynnol, mae angen i chi wneud y canlynol:

- ymchwilio a darganfod, dadansoddi a gwerthuso amrywiaeth o dystiolaeth gynradd a/neu gyfoes sy'n berthnasol i'r cwestiwn rydych chi wedi'i ddewis
- ymchwilio a darganfod o leiaf dau ddehongliad hanesyddol gwahanol neu wrthgyferbyniol o'r mater penodol yn y cwestiwn a ddewisoch
- esbonio'r pwnc yng nghyd-destun datblygiad y ddadl hanesyddol
- esbonio sut a pham mae gwahaniaethau rhwng dehongliadau hanesyddol o'r mater yn y cwestiwn a ddewisoch
- sicrhau bod eich ateb yn canolbwyntio ar yr union gwestiwn sy'n cael ei ofyn
- sicrhau eich bod yn rhoi barn wedi'i chyfiawnhau ar y mater dan sylw
- sicrhau bod eich ateb yn gydlynol, yn eglur, yn integredig ac yn gryno
- llunio ateb sydd rhwng 3,000 a 4,000 o'ch geiriau eich hun
- sicrhau bod y ffynonellau a ddefnyddiwch yn cael eu priodoli a'u dyfynnu yn briodol
- defnyddio TGCh yn eich ymchwil ac wrth gyflwyno eich ateb

> ### Crynodeb
> - Rhaid i'ch asesiad fod yn *unigol* a hefyd yn *annibynnol*.
> - Gall eich athro gynnig sesiwn gyffredinol ar sgiliau, er mwyn trafod dulliau a sgiliau'r hanesydd.
> - Gall eich athro oruchwylio eich gwaith a chynnig cyngor cyffredinol.
> - Rhaid i chi ysgrifennu'r traethawd fel ymarfer unigol yn ystod amser gwersi, yn eich amser eich hun, neu gyfuniad o'r ddau.

Cyngor

Nid yw athrawon yn cael rhoi llawer i chi mewn gwirionedd. Rhaid iddyn nhw beidio â darparu pecyn dogfennau na nodiadau manwl ar yr ymholiadau a dan sylw, oherwydd mae disgwyl i ddysgwyr ymchwilio i'r pwnc a llunio eu hymateb ar eu pen eu hunain ac yn annibynnol.

Cyngor

Cofiwch mai chi eich hun sy'n gorfod cynhyrchu'r gwaith; gall eich athro roi rhywfaint o arweiniad, ond dylai hyn fod ar lefel ymgynghorol gyffredinol yn unig.

■ Diffinio ffynonellau

Cyn dechrau ar eich asesiad di-arholiad o ddifrif, mae'n bwysig diffinio natur y ffynhonnell y bydd angen i chi ei darganfod, ei dadansoddi a'i gwerthuso.

Beth yw ffynonellau cynradd neu gyfoes?

Dyma'r diffiniad o ffynonellau cynradd neu gyfoes:

- unrhyw ffynhonnell gafodd ei chreu ar y pryd gan rywun oedd yn rhan o'r digwyddiad/datblygiad sy'n cael ei drafod, fel adroddiadau swyddogol, dyddiaduron, nodiadau, llythyrau, telegramau, nodiadau briffio, areithiau, recordiadau, ffotograffau neu gofnodion gair am air
- unrhyw ffynhonnell gafodd ei chofnodi ar y pryd gan rywun nad oedd yn cymryd rhan, ond sy'n adlewyrchu safbwynt cyfoes am y digwyddiad/datblygiad, fel cartwnau, adroddiadau papur newydd, posteri, pamffledi, adroddiadau sain a gweledol ac arolygon
- unrhyw ffynhonnell sy'n gwbl seiliedig ar ffeithiau o ddata/tystiolaeth gafodd eu casglu yn ystod cyfnod y digwyddiad neu'r datblygiad. Gall fod yn grynodeb o wariant ariannol mewn siart neu gofnodion arsylwi torfol, hyd yn oed os cafodd ei chyflwyno'n ddiweddarach na dyddiad yr ymholiad gwreiddiol
- darluniau, ysgythriadau (*engravings*) neu dorluniau pren (*woodcuts*) sy'n dangos digwyddiadau go iawn
- arteffactau a memorabilia cyfoes sy'n darlunio'r digwyddiadau dan sylw

Bydd haneswyr yn seilio eu dehongliadau o ddigwyddiadau neu ddatblygiadau ar y deunyddiau crai hyn. Mae'n bosibl eu gwerthuso am eu gwerth wrth helpu i greu a chefnogi dehongliad hanesyddol penodol.

Beth yw deunyddiau eilaidd?

Caiff deunydd eilaidd ei greu ar ôl digwyddiadau a datblygiadau, fel arfer gan haneswyr a sylwebwyr diweddarach. Mae deunyddiau o'r fath yn cynnwys y canlynol:

- detholiadau o waith haneswyr a sylwebwyr academaidd neu anacademaidd eraill
- deunydd y gallai elfennau eraill fod wedi dylanwadu arnyn nhw ar ôl y digwyddiad/ datblygiad, fel hunangofiannau, bywgraffiadau ac atgofion
- adroddiadau ffuglennol neu rai wedi'u cyfansoddi, fel ailgreadau, ffilmiau, dramâu, rhaglenni teledu, podlediadau neu nofelau
- argraffiadau artistig, peintiadau neu ddarluniau gafodd eu gwneud ar ôl y digwyddiad/datblygiad dan sylw

Caiff y math hwn o ddeunydd ei greu yn ddiweddarach na'r digwyddiad neu'r datblygiad dan sylw. Mae'r rhain yn cael eu diffinio fel *dehongliadau* o'r gorffennol, gan eu bod wedi cael eu creu gydag elfen oddrychol a mantais ôl-ddoethineb (*hindsight*). Mae'r safbwyntiau a'r agweddau mewn deunydd o'r fath yn rhan o'r drafodaeth sydd wedi datblygu o amgylch y materion sy'n cael eu trafod yn eich cwestiwn. Wrth gasglu'r deunydd hwn at ei gilydd, mae'n bosibl ei ddefnyddio i ddangos datblygiad y drafodaeth, ond does dim angen gwerthuso'r deunydd hwn yn yr un ffordd ag y byddwch chi'n gwerthuso ffynonellau cynradd. Mae gwahaniaeth clir rhwng dadansoddi a gwerthuso ffynonellau cynradd ar y naill law, a thrafod deunydd gafodd ei greu ar ôl y digwyddiadau/datblygiadau dan sylw ar y llaw arall.

Cyngor

Bydd marciau AA2 yn cael eu dyfarnu am eich gallu i werthuso ffynonellau cynradd o ran eu defnyddioldeb wrth helpu i ffurfio a chefnogi dehongliadau hanesyddol gwahanol.

Cyngor

Bydd marciau AA3 yn cael eu dyfarnu am eich gallu i ddadansoddi a gwerthuso deunydd eilaidd fel rhan o ddatblygiad y ddadl hanesyddol ar y pwnc yn eich cwestiwn. Does dim angen gwerthuso'r deunydd hwn yn yr un ffordd ag y caiff eich ffynonellau cynradd eu gwerthuso.

Cyngor

'Ffynonellau' yw deunydd cynradd a/neu gyfoes, fel adroddiadau llygad-dystion, llythyrau, cofnodion dyddiadur a sylwadau a wnaed ar y pryd mewn papurau newydd, adroddiadau, erthyglau, posteri, cartwnau ac ati. Daw 'detholiadau' o'r dehongliadau a wnaeth haneswyr o ddigwyddiadau a datblygiadau o'r fath yn ddiweddarach.

Er mwyn gwahaniaethu rhwng deunydd a gynhyrchwyd ar y pryd a deunydd a gynhyrchwyd yn ddiweddarach, mae'n bwysig defnyddio a deall y termau canlynol:

■ *Ffynonellau* — deunydd sy'n gynradd/cyfoes yn y cyfnod sy'n cael ei astudio.

■ *Detholiadau* — deunydd sy'n berthnasol i'r ymholiad, ond sydd wedi'i greu yn ddiweddarach gan sylwebwyr.

Tasg 2

Cynradd neu ddiweddarach?

Casglwyd y deunydd isod er mwyn ymchwilio i ymholiad ar achosion Rhyfel Cartref America. Defnyddiwch y diffiniadau o ffynonellau a detholiadau uchod er mwyn penderfynu a yw pob darn o dystiolaeth yn ffynhonnell gynradd neu'n ddetholiad sy'n darlunio dehongliad diweddarach.

Enghraifft 1

Pan ddaeth y rhyfel yn 1861, nid hawliau taleithiol oedd achos pennaf y gwrthdaro. Nid oedd yn rhyfel a ddaeth i fod oherwydd cwynion economaidd yn bennaf. Rhyfel oedd hwn ynglŷn â chaethwasiaeth a safle pobl ddu America yn y dyfodol.

Allan Nevins, hanesydd blaenllaw Rhyfel Cartref America, yn ysgrifennu yn ei fywgraffiad o Lincoln, The Emergence of Lincoln (1947)

Enghraifft 2

Os bydd y penderfyniad hwn yn sefyll, bydd caethwasiaeth yn dod yn sefydliad Ffederal yn lle bod yr hyn sydd wedi'i alw hyd yn hyn, gan bobl y taleithiau caeth, yn sefydliad arbennig (*peculiar institution*) iddyn nhw. Bydd hynny'n warth (*shame*) cyffredinol ar bob un o'r Taleithiau, y rhai sy'n rhydd yn ogystal â'r rhai sydd â chaethweision. Ble bynnag bydd ein baner yn chwifio, baner caethwasiaeth fydd honno. Os felly, dylai goleuni'r sêr a strimynnau coch y wawr gael eu dileu oddi ar y faner honno, a'r chwip a'r gadwyn gael eu rhoi yn eu lle. Bydd yn ein rhannu ac yn ein dinistrio ni.

Rhan o erthygl olygyddol mewn papur newydd o'r gogledd, y *New York Evening Post*, yn gwneud sylw am benderfyniad y Llys Goruchaf yn achos *Dred Scott* (18 Mawrth 1857)

Enghraifft 3

Wrth i'n Talaith gymryd cam tyngedfennol drwy ddiddymu ei chysylltiad â'r llywodraeth y buom yn rhan ohoni cyhyd, mae'n rhesymol i ni ddatgan y rhesymau dros hynny: Mae ein sefyllfa wedi'i huniaethu'n llwyr â sefydliad caethwasiaeth. Doedd dim dewis ar ôl i ni ond cydsynio i'r dileu (*abolition*) neu ddiddymu'r Undeb. Cafodd yr elyniaeth tuag at ein sefydliad o gaethwasiaeth ei ddangos trwy'r canlynol:

■ gwrthod derbyn taleithiau caethwasiaeth newydd i'r undeb

■ dileu'r Ddeddf Caethion ar Ffo ym mhob un bron o'r taleithiau rhydd

■ gosod anrhydeddau merthyrdod ar y cnaf (*wretch*) John Brown, ac yntau'n bwriadu rhoi ein cartrefi ar dân, a pheryglu ein bywydau ag arfau dinistriol

Y cyfiawnhad dros ymwahanu a gyhoeddwyd gan Dalaith Mississippi (9 Ionawr 1861)

Enghraifft 4

Daeth y Rhyfel Cartref i fod oherwydd syniadau gwahanol a gwrthgyferbyniol ynglŷn â natur llywodraeth. Roedd y gwrthdaro rhwng y rhai oedd yn credu ei bod yn ffederal yn ei hanfod, a'r rhai oedd yn credu ei bod yn genedlaethol drwyddi draw; rhwng hawliau'r dalaith a hawliau'r llywodraeth ganolog.

Alexander Stephens, Dirprwy Arlywydd y taleithiau Cydffederal, yn trafod y Rhyfel Cartref yn ei lyfr, A Constitutional View of the Late War between the States *(1868)*

Beth yw ystyr 'datblygiad y ddadl hanesyddol'?

At ddibenion yr asesiad di-arholiad, gallwn ystyried bod yr ymadrodd 'datblygiad y ddadl hanesyddol' a'r ymadrodd 'hanesyddiaeth' yn golygu'r un peth. Mae'r meini prawf ar gyfer Band 6 yn dweud bod angen i chi drafod datblygiad yr hanesyddiaeth ar y mater yn eich cwestiwn. Yn y cynllun marcio ar gyfer Band 5 y mae'r ymadrodd 'datblygiad y ddadl hanesyddol' yn cael ei ddefnyddio.

Nid yw hyn yn golygu rhestru gwahanol haneswyr a'r hyn maen nhw wedi'i ysgrifennu neu ei ddweud am y mater. Dim ond cyfleu gwybodaeth fyddai hynny, heb wneud unrhyw ymdrech i ymdrin â'r cwestiwn dan sylw.

Mae trafod datblygiad y ddadl hanesyddol yn golygu bod angen i chi allu dangos sut a pham y lluniwyd dehongliadau gwahanol, a pham mae'r dehongliad o'r mater yn y cwestiwn wedi newid. Mae hyn yn rhan o'r sgìl o allu gosod gwahanol ddehongliadau o'r mater yn eu 'cyd-destun hanesyddol'. Yn yr achos hwn, mae'n golygu ymdrin â materion fel y rhain:

- pryd cafodd y dehongliad ei lunio (y cyd-destun)
- beth sydd wedi dylanwadu ar y person a luniodd y dehongliad
- pa dystiolaeth sydd wedi'i defnyddio i gefnogi'r dehongliad

Mae'n rhesymol ystyried datblygiad unrhyw ysgol hanes neu fudiad hanesyddol mewn perthynas â'r mater yn eich cwestiwn, yn ogystal â chyfraniad haneswyr blaenllaw i'r ysgolion hyn. Wrth ystyried sut mae'r ffordd y caiff y gorffennol ei ddehongli wedi newid, dylech drafod mwy nag un ysgol hanes – ond bydd dwy neu dair yn ddigon.

> **Cyngor**
>
> Er mwyn trafod datblygiad y ddadl hanesyddol, mae angen i chi allu dangos sut a pham mae dehongliadau gwahanol o'r testun yn eich cwestiwn wedi eu ffurfio.

Crynodeb

- Ffynonellau cynradd yw'r rhai a gynhyrchwyd ar adeg y digwyddiadau neu'r datblygiadau dan sylw.
- Pan gaiff y rhain eu defnyddio yn eich asesiad di-arholiad, maen nhw'n cael eu galw yn *ffynonellau*.
- Bydd deunydd eilaidd yn cael ei greu ar ôl y digwyddiadau a'r datblygiadau, fel arfer gan haneswyr a sylwebwyr diweddarach.
- Os byddwch chi'n defnyddio'r rhain yn eich asesiad di-arholiad, byddan nhw'n cael eu galw yn *ddetholiadau*.
- Mae trafod datblygiad y ddadl hanesyddol yn golygu dangos sut a pham y lluniwyd dehongliadau gwahanol, a pham newidiodd y ffordd o ddehongli'r mater sydd yn y cwestiwn.

■ Cynllunio a strwythuro eich traethawd

Ar ôl penderfynu ar eich cwestiwn a chwblhau'r gwersi sy'n cyflwyno'r asesiad, dylech ddechrau cynllunio eich ateb.

Amseru

Un peth y dylech chi ei gadw mewn cof yw amseru. Mae'n debygol y cewch chi gyfnod sylweddol o amser i gynllunio, drafftio, adolygu a chwblhau eich traethawd. Peidiwch â chael eich temtio i adael y gwaith ar yr asesiad di-arholiad nes bod y dyddiad cau'n agosáu.

Bydd yr union gyfnod a gewch chi i weithio ar yr asesiad yn dibynnu ar eich ysgol neu'ch coleg a'u trefniadau mewnol, ond mae awgrym o gynllun i'w weld yn Nhabl 1, a gallwch chi ei addasu yn ôl yr angen. Cofiwch y bydd CBAC wedi cymeradwyo eich cwestiwn o leiaf 6 wythnos cyn i chi ddechrau ar yr asesiad. (Fel arfer bydd wedi cael ei gymeradwyo yn ystod eich astudiaethau ym Mlwyddyn 12 os ydych chi'n dilyn y cwrs dros ddwy flynedd).

> **Cyngor**
>
> Peidiwch â gadael gwaith ar yr asesiad di-arholiad nes bod y dyddiad cau'n agosáu. Gweithiwch arno yn gyson drwy gydol yr amser sydd ar gael.

Tabl 1 Cynllunio amser

Beth sydd angen ei wneud?	Pryd?	Pa mor hir?
Ymchwil sylfaenol ar ddatblygiad y ddadl hanesyddol a pha ffynonellau cynradd sydd ar gael	Diwedd Blwyddyn 12; gwyliau'r haf dechrau Blwyddyn 13	3–4 wythnos
Llunio cynllun eich traethawd	Dechrau Blwyddyn 13	1 wythnos
Cyflwyniad – yr ateb yn gryno	Dechrau Blwyddyn 13	1–2 wythnos
Drafft cyntaf o rywfaint o ddeunydd	Hanner tymor Blwyddyn 13	3–4 wythnos
Drafft cyntaf y traethawd cyflawn	Wythnos gyntaf mis Rhagfyr	3–4 wythnos
Adolygiad ffurfiol gyda'ch athro	Erbyn gwyliau'r Nadolig	1 wythnos
Eich adolygiad chi o'ch deunydd	Erbyn diwedd mis Ionawr	3–4 wythnos
Cwblhau'r traethawd yn derfynol i'w gyflwyno	Erbyn diwedd mis Chwefror	3–4 wythnos

Yn y dosbarth neu tu allan i'r dosbarth?

Mae'r cynllun uchod yn rhoi rhwng 5 a 6 mis i chi ddechrau, ymchwilio, drafftio, adolygu a chwblhau eich gwaith.

O ystyried y byddwch hefyd yn astudio ar gyfer yr unedau arholiad drwy gydol Blwyddyn 13 yn arbennig, does dim llawer o amser yn y dosbarth yn debygol o fod ar gael i lunio eich traethawd. Felly mae'n debygol y bydd llawer o'r gwaith ar eich asesiad di-arholiad yn cael ei wneud y tu allan i'r gwersi ar yr amserlen, naill ai gartref neu yn ystod amser digyswllt. Dyma lle bydd angen i chi ddefnyddio sgiliau trosglwyddadwy fel annibyniaeth a threfnu. Bydd eich athro'n dymuno monitro eich cynnydd ar waith yr asesiad a rhoi cyngor priodol i chi yn ystod sesiynau adolygu. Ond mewn gwirionedd, bydd llawer o'r gwaith ar yr asesiad yn cael ei wneud yn eich amser eich hun.

> **Cyngor**
>
> Cofiwch adael lle yn eich amserlen gynllunio ar gyfer gweithio ar yr asesiad di-arholiad gartref ac yn yr ysgol neu goleg.

> **Tasg 3**
>
> **Cynllunio'ch amser**
>
> Lluniwch siart tebyg i'r uchod yn seiliedig ar y cyfnod amser sydd wedi'i roi i chi gan eich athro.

Adnabod y cysyniad hanesyddol allweddol yn y cwestiwn

Yn dilyn y drafodaeth gyda'ch athro yn y sesiynau cyflwyno, dylech fod yn ymwybodol o'r elfennau sylfaenol sy'n sail i'ch traethawd ar gyfer yr asesiad di-arholiad. Dyma nhw:

- llunio ymateb sy'n ymdrin â'r pwnc yn y cwestiwn a osodwyd
- trafod dilysrwydd y dehongliad yn y cwestiwn o fewn y ddadl hanesyddol sy'n datblygu ar y pwnc
- dangos sut gallech ddefnyddio ffynonellau cynradd/gwreiddiol i gynorthwyo wrth ffurfio dehongliadau gwahanol neu gyferbyniol

Y peth cyntaf mae angen i chi ei wneud yw gofyn i chi eich hun: ydw i wir yn deall beth mae'r cwestiwn yn gofyn i mi ei wneud? Am beth mae'r cwestiwn yn sôn mewn gwirionedd? Drwy adnabod y cysyniad hanesyddol allweddol yn eich cwestiwn, bydd yn haws i chi wneud eich ymchwil. Mae Tabl 2 yn cynnwys enghreifftiau o gwestiynau asesiad di-arholiad sy'n gallu cael eu rhannu yn gysyniadau hanesyddol symlach.

Tabl 2 Cysyniadau hanesyddol

Cwestiwn	Cysyniad
'Llwyddodd goresgyniad y Normaniaid yn 1066 yn bennaf oherwydd eu rhagoriaeth filwrol.' Pa mor ddilys yw'r asesiad hwn o Oresgyniad y Normaniaid yn 1066?	Achosion digwyddiad neu ddatblygiad hanesyddol
'Llwyddodd y Deddfau Uno ar unwaith, gan droi Cymru o fewn un genhedlaeth yn wlad drefnus oedd yn ufuddhau i gyfraith Lloegr.' Pa mor ddilys yw'r asesiad hwn o effaith y Deddfau Uno hyd at 1603?	Effeithiau newid gwleidyddol
Ydych chi'n cytuno â'r farn mai Peel oedd yr arweinydd gwleidyddol mwyaf effeithiol yn y cyfnod o 1834 hyd 1880?	Cymharu llwyddiant arweinwyr gwleidyddol amrywiol
Ydych chi'n cytuno bod pobl Prydain ar y cyfan yn fodlon a ffyniannus oherwydd y consensws wedi'r rhyfel yn y blynyddoedd rhwng 1945 ac 1964?	Maint y newid dros amser
I ba raddau rydych chi'n cytuno â'r safbwynt mai Thomas Clarkson oedd yr unigolyn mwyaf arwyddocaol yn yr ymgyrch i ddileu'r fasnach gaethweision?	Asesiad o arwyddocâd unigolion amrywiol

Tasg 4

Cysyniadau hanesyddol

A allwch chi adnabod y cysyniad hanesyddol allweddol yn y cwestiynau isod?

Cwestiwn	Cysyniad
Ydych chi'n cytuno bod canlyniad Argyfwng Taflegrau Ciwba yn fwy o fuddugoliaeth i ddiplomyddiaeth Khrushchev nag i ddiplomyddiaeth Kennedy?	
'Cafodd bywydau'r werin yn Rwsia eu trawsnewid er gwell yn y blynyddoedd rhwng 1928 ac 1964.' Pa mor ddilys yw'r asesiad hwn am y werin yn Rwsia?	
I ba raddau rydych chi'n cytuno mai cwynion economaidd oedd yn bennaf cyfrifol am achosi protest a gwrthryfel yn y cyfnod o 1485 hyd 1603?	
'Ennill y bleidlais erbyn 1928 oedd y trobwynt pwysicaf yn yr ymgyrch dros gydraddoldeb rhywiol yng Nghymru a Lloegr.' I ba raddau rydych chi'n cytuno â'r safbwynt hwn am y newid yn rôl a statws menywod yn y cyfnod o 1890 hyd 1990?	
Mae haneswyr yn anghytuno am effaith y Diwygiad. I ba raddau rydych chi'n cytuno bod y Diwygiad wedi effeithio'n bennaf ar ardaloedd trefol?	

Defnyddio cynllun

Nawr mae angen i chi fynd gam ymhellach. Un ffordd hwylus o gynllunio yw llunio diagram neu siart sy'n amlinellu'r dehongliadau allweddol i'w trafod. Gallwch ddefnyddio siart o'r fath i roi'r strwythur a'r amlinelliad sydd eu hangen arnoch chi cyn dechrau ysgrifennu eich traethawd. Mae gan y dull hwn dri chryfder penodol:

- Mae'n amlinellu dehongliadau gwahanol o'r mater y byddwch chi'n ei drafod yn eich ateb.
- Mae'n ceisio gosod y dehongliadau gwahanol hyn o fewn y ddadl ynghylch y mater.
- Mae'n awgrymu ffynonellau cynradd i'w hymchwilio, dadansoddi a gwerthuso fel tystiolaeth i gefnogi gwahanol ddehongliadau o'r pwnc.

Yng ngwersi cyflwyno yr asesiad di-arholiad, mae'n werth trafod y dull hwn gyda'ch athro. Gall ef neu hi gadarnhau addasrwydd eich syniadau cychwynnol, neu awgrymu meysydd eraill posibl i'w hymchwilio. Bydd dull o'r fath yn sicrhau eglurder a strwythur i'ch ymchwil a hefyd wrth ffurfio eich ateb.

Mae enghraifft ymarferol o gynllun cychwynnol ar gyfer cwestiwn ar uno'r Eidal yn Nhabl 3.

Tabl 3 Egluro dehongliadau

Teitl: 'Y prif reswm dros uno'r Eidal erbyn 1861 oedd parodrwydd ffigurau allweddol i gydweithio tuag at nod cyffredin.' Pa mor ddilys yw'r dehongliad hwn o'r rhesymau dros uno'r Eidal erbyn 1861?		
Dehongliadau gwahanol	Pryd digwyddodd hyn o fewn datblygiad y ddadl hanesyddol?	Tystiolaeth ategol i chwilio amdani
Dehongliad 1: Cydweithiodd y ffigurau allweddol (yn cynnwys Cavour, Garibaldi a Victor Emmanuel) yn gytûn i greu Teyrnas newydd yr Eidal erbyn 1861	Yr esboniad cychwynnol dros sefydlu'r Eidal; cafodd hwn ei lunio gan wleidyddion a'i gefnogi gan haneswyr Eidalaidd traddodiadol oedd yn awyddus i adeiladu cenedl newydd	Portreadau o'r cyfnod yn dangos y ffigurau allweddol gyda'i gilydd Datganiadau cyhoeddus gan ffigurau allweddol Datganiadau'r Gymdeithas Genedlaethol
Dehongliad 2: Y gwrthdaro rhwng y ffigurau allweddol – nid eu parodrwydd i gydweithio – oedd y sbardun i uno'r Eidal erbyn 1861	Cynigiwyd y dehongliad hwn gan haneswyr adain chwith yn y degawd ar ôl y Rhyfel Byd Cyntaf; cafodd ei ddilyn gan haneswyr adolygiadol fel Mack-Smith a Seaman ar ôl yr Ail Ryfel Byd	Gohebiaeth breifat rhwng y ffigurau allweddol Sgyrsiau wedi'u recordio rhwng rhai o'r ffigurau allweddol Safbwyntiau Prydain neu Ffrainc neu Mazzini
Dehongliad 3: Newidiadau cymdeithasol ac economaidd oedd y prif reswm pam y llwyddodd y galwadau am uno erbyn 1861	Mae haneswyr ôl-adolygiadol ers yr 1960au wedi tueddu i weld twf cenedlaetholdeb gwledydd fel yr Eidal ynghanol y bedwaredd ganrif ar bymtheg fel rhan o fudiad cyfandirol, yn hytrach na rhywbeth oedd yn unigryw i wlad benodol	Ystadegau am dwf diwydiannol Datganiadau D'Azeglio Barn diwydianwyr blaenllaw ar y pryd

Tasg 5

Egluro dehongliadau

Cwblhewch siart tebyg i Dabl 3 ar sail y cwestiwn rydych chi wedi'i ddewis. Defnyddiwch y grid gwag isod i'ch helpu. Efallai na fydd yn bosibl ei gwblhau o'r dechrau, ond bydd yn gymorth defnyddiol wrth i'r gwaith fynd yn ei flaen.

Teitl:		
Dehongliadau gwahanol	**Lle mae hwn yn dod i mewn i ddatblygiad y ddadl hanesyddol?**	**Tystiolaeth ategol i chwilio amdani**
Dehongliad 1:		
Dehongliad 2:		
Dehongliad 3:		

Cyngor

Nodwch hyd at dri dehongliad gwahanol o'r mater rydych chi'n ei astudio, a cheisiwch eu gosod o fewn datblygiad y ddadl hanesyddol. Bydd hyn yn rhoi strwythur clir i'ch gwaith.

Crynodeb

- Gweithiwch yn rheolaidd ar eich asesiad di-arholiad — peidiwch â'i adael yn rhy hwyr!
- Mae trefnu eich amser yn hanfodol. Cofiwch y bydd gennych lawer o gyfleoedd i weithio'n annibynnol.
- O'r dechrau, byddwch yn glir am y cysyniad hanesyddol allweddol yn eich cwestiwn — bydd rhaid i chi ymdrin â hyn drwy gydol eich ateb.
- Defnyddiwch gynllun. Gall hwn fod yn hyblyg, ond mae defnyddio cynllun yn strategaeth hanfodol wrth drefnu.

■ Cynnal ymchwil ar gyfer eich traethawd

Ar gyfer yr asesiad di-arholiad, wrth ymchwilio a chwblhau eich tasg bydd angen i chi gasglu gwybodaeth o ddeunydd sydd wedi'i gyhoeddi. Yn yr achos hwn, bydd gennych chi fynediad heb ei gyfyngu at ffynonellau a deunydd sy'n cynnwys ffynonellau.

Ar y cam cynnar hwn, mae'n werth sicrhau bod digon o ffynonellau ar gael i chi eu defnyddio. Efallai eich bod wedi dewis pwnc hynod o ddifyr yn eich cwestiwn, ond mae'n bosibl nad oes deunydd ar gael i ddangos eich sgiliau, yn AA2 ac AA3 yn arbennig. Mae'n well darganfod hyn ar y dechrau, yn hytrach nag ar ôl rhai misoedd o waith pan fydd yn anodd dod o hyd i ddeunydd i'w ddadansoddi a'i werthuso.

Ffyrdd o gasglu deunydd

Mae sawl ffordd i gasglu gwybodaeth wrth ymchwilio ar gyfer eich traethawd. Dyma rai enghreifftiau:

- Bydd llyfrau, erthyglau a chylchgronau wedi'u hysgrifennu ar y mater sydd yn eich cwestiwn. Yn gyffredinol, bydd y rhain yn rhai eilaidd, gan y byddan nhw wedi cael eu creu yn ddiweddarach. Bydd llawer yn cynnwys adrannau â ffocws penodol yn amlinellu'r hanesyddiaeth neu'r ddadl sydd wedi datblygu am y mater rydych chi wedi dewis ei astudio.

- Mae enghreifftiau o'r math hwn o ddeunydd yn debygol o fod yn eich ysgol neu'ch coleg neu'ch llyfrgell leol yn barod i chi ei ymchwilio. Mae canolfannau'n cael eu hannog i sefydlu llyfrgelloedd penodol o ddeunydd o'r fath.

- Er bod nifer o werslyfrau ar gael mewn fformat papur traddodiadol, bydd mwy a mwy o angen i chi ddefnyddio'r rhyngrwyd i ymchwilio i ddeunydd fel hyn. Byddai'n syniad da i chi ddefnyddio cyfuniad o ymchwil traddodiadol ac ymchwil ar y we.

- Gallwch geisio teipio geiriau allweddol sy'n gysylltiedig â'ch ymholiad mewn peiriant chwilio. Bydd hyn yn cynnig llawer o gyfeiriadau ymchwil posibl – a bydd yn dechrau profi eich gallu i werthuso'r deunydd a gwahaniaethu rhwng ffynonellau.

- Bydd llawer o'r llyfrau, erthyglau a chylchgronau eilaidd sydd wedi'u hysgrifennu ar fater eich cwestiwn yn seiliedig ar y ffynonellau cynradd. Bydd nifer yn cynnwys enghreifftiau o'r deunydd cynradd hwn i gefnogi a chadarnhau'r dehongliadau mae'r awdur yn eu gwneud.

- Mae casgliadau o ddeunydd cynradd a chyfoes sy'n berthnasol i'r ymholiad yn bethau gwerthfawr iawn. Unwaith eto, gall y rhain fod ar bapur neu ar y we. Ambell waith, efallai bydd rhaid i chi dalu tanysgrifiad i weld deunydd o'r fath ar y we; dro arall, mae am ddim.

- Mae gan awdurdodau lleol hefyd wasanaethau archif defnyddiol ac archifdai lle mae modd gweld deunydd o natur leol yn arbennig.

Defnyddio'r rhyngrwyd i ymchwilio

Mae natur y rhyngrwyd yn golygu mai dyma'r lle mwyaf amlwg i chi wneud eich ymchwil. Ond oherwydd maint ac amrywiaeth y rhyngrwyd, dylech fod yn ofalus wrth geisio dod o hyd i ddeunydd ymchwil. Does dim rheolaeth na safoni ar y rhan fwyaf o'r rhyngrwyd, ac mae'n bosibl y byddwch chi'n canfod gwybodaeth sy'n ffeithiol anghywir ac yn annibynadwy. Wrth ddefnyddio'r rhyngrwyd i gasglu gwybodaeth am amrywiol ddehongliadau yn benodol, defnyddiwch y pwyntiau hyn i ddilysu'r wefan neu'r adnodd:

- Ydy'r adnodd ar y we wedi'i ysgrifennu gan awdur y gallwch chi ei adnabod? Os nad yw'n bosibl gwybod pwy yw'r awdur, fyddwch chi ddim yn gallu cyfeirio'n llawn at yr adnodd nac asesu ei hygrededd.

- Ydy'r adnodd hwn ar y we wedi'i greu ar ran sefydliad neu fenter? Os felly, gallai fod iddo duedd masnachol, gwleidyddol neu grefyddol.

- Oes manylion cyswllt wedi'u rhoi ar gyfer yr adnodd ar y we, ac a oes modd eu gwirio? Dyma bethau fel enwau, rhifau ffôn neu ddolen 'Amdanom Ni'.

- Oes dyddiad ar y wybodaeth yn yr adnodd ar y we? Ydych chi'n gallu dilyn y cysylltau? Mae cysylltau 'marw' yn awgrymu nad yw tudalen wedi'i diweddaru'n ddiweddar.

Swm y deunydd

Un o'r problemau posibl wrth ddechrau'r gwaith yw darganfod gormod o wybodaeth am y mater rydych chi'n ei astudio. Bydd llawer o'r wybodaeth yn ymylol a heb ffocws digon clir. Byddwch yn llym wrth ymchwilio. Mae'n hanfodol, wrth ddarllen y deunydd, bod gennych chi syniad clir o'r hyn fydd yn cyd-fynd â'ch cynllun, er mwyn i chi allu ei dderbyn neu ei wrthod yn gyflym.

Casglu amrywiaeth o ffynonellau cynradd

Er mwyn sicrhau marciau ar gyfer AA2 ac AA3, rhaid i chi ymchwilio a gwerthuso amrywiaeth o ffynonellau cynradd ar ôl eu canfod yn annibynnol. Dylech ddewis 6–8 ffynhonnell gynradd i'w dadansoddi a'i gwerthuso yn eich asesiad.

Gwnewch yn siŵr eich bod yn dewis amrywiaeth o ffynonellau cynradd i'w gwerthuso. Dyma rai pwyntiau y gallech eu hystyried:

- Byddwch yn glir am y diffiniad o ffynhonnell 'gynradd' (gweler tudalen 15).
- Dadansoddwch a gwerthuswch eich ffynonellau cynradd gan ofyn sut maen nhw wedi galluogi haneswyr i greu dadl am y mater rydych chi'n ei astudio.
- Cewch eich temtio i ddefnyddio ffynonellau cynradd adnabyddus, a bydd llawer o ddysgwyr eraill hefyd yn defnyddio'r rhain.
- Ceisiwch ddod o hyd i rai sy'n llai adnabyddus. Bydd hyn yn gwneud eich gwaith yn fwy unigryw, ac yn datblygu eich sgiliau ymchwilio hefyd.
- Gwnewch yn siŵr eich bod yn dewis amrywiaeth o ffynonellau cynradd addas.

Ffordd dda i sicrhau eich bod yn defnyddio amrywiaeth o ffynonellau cynradd yw defnyddio rhestr wirio fel yr un isod:

- adroddiadau swyddogol
- dyddiaduron/nodiadau
- llythyrau
- areithiau
- cartwnau

- adroddiadau papur newydd
- posteri
- pamffledi
- ffotograffau

Un peth allweddol i fod yn ymwybodol ohono yw y gall unrhyw ffynhonnell gynradd amrywio o ran hyd – does dim rheol benodol o ran yr hyd priodol ar gyfer ffynhonnell i'w dadansoddi a'i gwerthuso. Ond rhaid iddi fod yn ddigon sylweddol i allu cynnig digon o dystiolaeth i'r hanesydd sy'n ei dehongli.

Tasg 6

Defnyddio amrywiaeth o ffynonellau

Yn eich ymchwil, ydych chi wedi nodi amrywiaeth o ffynonellau? Os gallwch chi ateb 'do' yn achos o leiaf pedwar o'r mathau o ffynhonnell yn y rhestr uchod, mae'n debygol y byddwch yn gallu dadansoddi a gwerthuso 'amrywiaeth' o wahanol fathau o ffynonellau cynradd.

Cyngor

Dewiswch amrywiaeth o ffynonellau cynradd i'w dadansoddi a'u gwerthuso, ac i ddangos sut mae'r ddadl hanesyddol wedi datblygu.

Crynodeb

- Defnyddiwch amrywiaeth o gyfryngau i gasglu gwybodaeth a deunydd.
- Byddwch yn ofalus i beidio â dibynnu'n ormodol ar y rhyngrwyd heb ddilysu tarddiad y ffynhonnell.
- Byddwch yn bendant wrth dderbyn neu wrthod deunydd — y perygl yw defnyddio gormod a methu ag ymdopi.
- Cofiwch ei bod yn hanfodol defnyddio amrywiaeth o ffynonellau cynradd.

■ Llunio cyflwyniad

Pan fyddwch chi wedi canfod ffynonellau a gwneud nodiadau drafft cychwynnol ar y ddadl hanesyddol sy'n datblygu am fater eich cwestiwn, gallwch ddechrau llunio cyflwyniad i'ch traethawd.

Dyma gyngor sylfaenol i'w gofio ar gyfer eich cyflwyniad:

- Dangoswch eich bod yn deall gofynion y cwestiwn. Gallwch wneud hyn drwy gyfeirio at bwnc y cwestiwn. Dylai rhywun sy'n darllen eich cyflwyniad allu dweud beth yw'r cwestiwn ar ôl paragraff neu ddau.
- Gallai eich cyflwyniad ddiffinio rhai ymadroddion neu gysyniadau allweddol yn y cwestiwn, neu osod cyd-destun hanesyddol y mater yn gryno.
- Amlinellwch yn gryno y gwahanol ddehongliadau sy'n rhan o ddatblygiad y ddadl hanesyddol.
- Cyfeiriwch yn gyffredinol at rywfaint o'r dystiolaeth gynradd a allai gefnogi dehongliadau gwahanol.
- Awgrymwch beth yw eich barn chi am y cwestiwn rydych chi'n ei ateb. Mewn ffordd, hwn yw 'yr ateb yn gryno'. Yn gyffredinol felly, bydd hyn yn cyd-fynd â'r farn sydd yn eich casgliad.
- Cadwch eich cyflwyniad yn fyr ac yn ddiddorol. Yn gyffredinol, mae un ochr papur A4 yn ddigon.
- Ceisiwch osgoi rhoi naratif neu ddisgrifiad o ddigwyddiadau neu ddatblygiadau. Nid yw ysgrifennu naratif neu ddisgrifiadau'n ennill llawer o farciau yn y cynllun marcio.

Gall defnyddio'r pwyntiau uchod eich helpu i ganolbwyntio ar ymdrin â'r cwestiwn rydych chi wedi'i ddewis yn eich cyflwyniad.

Cyngor

Er gwaethaf eich diddordeb yn yr hanes sy'n gysylltiedig â'r pwnc yn y cwestiwn, peidiwch â chael eich temtio i ddisgrifio neu adrodd hanes y digwyddiadau'n fanwl.

Tasg 7

Ysgrifennu cyflwyniad

Defnyddiwch y rhestr wirio hon i benderfynu pa mor briodol yw'r cyflwyniadau sy'n dilyn:

- Ydy'r cwestiwn yn amlwg o ddarllen y cyflwyniad?
- Ydy'r cyflwyniad yn cyfeirio at ddehongliadau gwahanol?
- Ydy'r cyflwyniad yn crybwyll y dystiolaeth?
- Ydy'r cyflwyniad yn awgrymu ateb i'r cwestiwn a osodwyd?

Cyflwyniad 1

Heb os, roedd tarddiad y Rhyfel Byd Cyntaf, sef y rhyfel mwyaf anferthol a welodd y byd erioed hyd at yr adeg honno, wedi digwydd yn sgil cadwyni o ddryswch, camddealltwriaeth a chanlyniadau anfwriadol datblygiadau a digwyddiadau rhwng yr Entente Driphlyg a'r Gynghrair Driphlyg. Mae haneswyr yn dal i drafod y rhain dros ganrif yn ddiweddarach, heb fawr o gonsensws. Nid yw'r Rhyfel Byd Cyntaf, a laddodd 10 miliwn o bobl, wedi diflannu o'r cof yn Ewrop.

Mae cyfres gomedi'r BBC, *'Blackadder Goes Forth'*, yn y bennod 'Goodbyeee' yn 1989, yn cynnig golwg ddoniol ar imperialaeth y Pwerau Mawr, a achosodd y rhyfel. Mae grym dychan wrth amlygu twyll Prydain Fawr a Ffrainc yn amhrisiadwy, er ei fod wedi'i ysgrifennu mewn ffordd chwareus. Roedd anallu Prydain a Ffrainc yn syfrdanol wrth i'r Almaen barhau i ehangu mewn ffordd fygythiol a pheryglus. Digwyddodd hyn er gwaethaf y ffaith mai ymgais ddigon cyfyngedig, mewn gwirionedd, oedd ymgais ymerodraeth Kaiser Wilhelm II i gipio tir yn Affrica yn y bedwaredd ganrif ar bymtheg. Roedd i'w wneud fwy â'r ffaith fod y Kaiser yn ehangu lluoedd milwrol yr Almaen, yn enwedig grym ei llynges (sef cryfder ac arbenigedd Prydain yn draddodiadol), a dyma oedd y pryder mawr. Er bod y bennod yn cyflwyno hyn i gyd mewn ffordd glyfar, mae hefyd yn or-syml ac mae diffyg eglurder. Yn wir, byddai modd dadlau bod y bennod yn ddifyr dim ond i'r rhai sydd â dealltwriaeth hanesyddol o'r cyfnod. Fel arall, go brin y byddai'r jôcs a'r hanesion yn gwneud synnwyr.

Un peth sy'n amlwg yn y bennod hon yw awydd y Kaiser am ymerodraeth fwy. Mae hyn yn amlwg yn y bennod hon, ac mae ar ei fwyaf pwerus a'i fwyaf dramatig yn y ffordd mae'n diystyru telerau Cytuniad Llundain. Mae'r ymdrech am heddwch yn Ewrop yn eglur yn y ddogfen swyddogol, a gafodd ei llofnodi yn 1839 gan Brydain a thaid y Kaiser, sef Kaiser Wilhelm I, ymhlith eraill. Roedd hon yn gwarantu niwtraliaeth gwladwriaeth newydd Gwlad Belg. Yn ôl pob golwg, mae'r Cytundeb yn dangos nad oedd y pwerau Ewropeaidd yn chwilio am Ryfel nes i ŵyr Kaiser Wilhelm I ddod i rym yn 1888, ar ôl marwolaeth gynnar Friedrich III. Roedd ei rôl ef wrth wthio'r byd i Ryfel trychinebus yn aruthrol. Yn wir, penderfyniad y Kaiser i oresgyn Gwlad Belg yn Awst 1914 a achosodd i Brydain, a'i chynghreiriaid yn yr Entente Driphlyg, ddatgan rhyfel. Nid yn unig roedd y Kaiser wedi herio annibyniaeth cenedl sofran, ond wrth wneud hynny, roedd hefyd wedi torri deddf ryngwladol, a lofnodwyd gan ei wlad ei hun. Wrth ddiystyru pwysigrwydd cyfraith ryngwladol yn fwriadol, yn sicr dangosodd y Kaiser ei fod yn haeddu'r enw o fod yn rhyfelgi creulon. Mae'r nifer uchel o farwolaethau yn sgil hynny, yn ogystal â'r difrod a'r distryw mewn sawl ardal yn Fflandrys yng Ngwlad Belg, yn dystiolaeth o'r ffaith hon. Yn sicr roedd yr ymosodiad wedi ysbrydoli llawer o ddynion o'r DU i ymuno â'r fyddin yn 1914.

Cyflwyniad 2

Y gyfundrefn yn yr Eidal Ffasgaidd rhwng 1922 ac 1945 oedd un o'r elfennau mwyaf arwyddocaol yn unbennaeth dechrau'r ugeinfed ganrif, a ddaeth yn sgil y Rhyfel Byd Cyntaf a gosod y llwyfan ar gyfer yr Ail. Yr Eidal dan Mussolini oedd yr enghraifft gyntaf o unbennaeth asgell dde, gan ddylanwadu ar gyfundrefn Hitler yn yr Almaen. Roedd y Cynghreiriaid yn ei gwrthwynebu gan eu bod yn erbyn popeth roedd yn sefyll drosto. Roedd cwlt personoliaeth o amgylch Mussolini. Ef heb amheuaeth oedd arweinydd y wladwriaeth heddlu un blaid, ond wrth edrych yn fanylach mae cwestiwn yn codi a oedd ei gyfundrefn yn wirioneddol dotalitaraidd yng ngwir ystyr y gair. Roedd y sylwadau ar ôl y rhyfel yn pwysleisio natur bwerus a gormesol ei gyfundrefn — roedd hanes ar yr adeg hon yn cael ei ysgrifennu gan y Cynghreiriaid buddugol, oedd yn bleidiol i ddemocratiaeth. Nid oedden nhw'n cydymdeimlo â llywodraeth eu gelynion a drechwyd. Roedd angen dangos gwahaniaeth clir rhwng eu cenhedloedd er mwyn cyfiawnhau cost y rhyfel. Ysgrifennodd Max Gallo yn 1964 fod y gyfundrefn yn 'gwbl Ffasgaidd', ac felly mai 'goruchwyliaeth arbennig oedd ffawd ... yr holl Eidalwyr'. Ond wrth gymharu'r Eidal Ffasgaidd â'r Almaen Natsïaidd neu Rwsia Stalin, mae haneswyr fel Philip Morgan yn 1995 a Martin Clark yn 1996 wedi canfod mai cyfundrefn Mussolini oedd y leiaf totalitaraidd o'r tair.

Er mwyn ystyried y cwestiwn hwn, yn gyntaf rhaid ystyried beth yw ystyr 'totalitaraidd', er mwyn gallu cymharu gwahanol agweddau ar y gyfundrefn â'r diffiniad hwn a dod i gasgliad dilys. Yn ei lyfr *The European Dictatorships 1918–1945*, mae Stephen J. Lee yn gosod pedwar maen prawf ar gyfer gwladwriaeth wirioneddol dotalitaraidd. Yn gyntaf, rhaid cael ideoleg lle mae pob rhan o fywyd yn wasaidd iddi, a dylai 'cymdeithas gael ei hailstrwythuro yn ôl ei nodau'. Dylai'r ideoleg hon fod yn debyg i grefydd, neu fel cwlt hyd yn oed, yn y ffordd mae ei chyfranogwyr yn ei thrin. Yn ail, rhaid cael un blaid sy'n rheoli'r gyfundrefn wleidyddol heb bosibilrwydd y bydd un arall yn cymryd ei lle, 'gydag arweinydd y breiniwyd iddo gwlt personoliaeth'. Yn drydydd, 'mae'r unigolyn yn gwbl israddol i orchmynion y wladwriaeth drwy broses o orfodaeth a thrwytho'. Mae hyn yn cynnwys brawychu ac argyhoeddi drwy 'siapio addysg, llenyddiaeth, celf a cherddoriaeth i amcanion ideoleg wleidyddol'. Yn olaf, rhaid i'r wladwriaeth reoli'r economi'n llwyr.

Cyflwyniad 3

Roedd y Rhyfel Byd Cyntaf yn foment dyngedfennol mewn hanes. Roedd arweinwyr y rhyfel hwn — yn arbennig ar ei Ffrynt Gorllewinol — yn gweithredu yng nghyfnod byddinoedd torfol gyda datblygiadau nad oedd neb wedi eu rhagweld. Daeth hyn â heriau sylweddol yn ei sgil, a byddai'r rhain yn siapio natur rhyfela yn yr ugeinfed ganrif. Efallai felly mai dyma'r rheswm am y newid yn y dehongliad hanesyddol o arweinyddiaeth yn ystod y Rhyfel Byd Cyntaf drwy gydol yr ugeinfed ganrif. Roedd elfen dorfol y rhyfel yn llywio'r ffordd y byddai'r fyddin yn cael ei chyfeirio, gan dynnu sylw helaeth at y modd y gwnaed penderfyniadau gweinyddol ar y brig wrth ddehongli digwyddiadau.

Mae llawer o drafod wedi bod ar y diffyg ystyriaeth o fywyd dynol a ddangoswyd gan y cadfridogion ar y Ffrynt Gorllewinol, yn enwedig o'i gymharu ag ymddygiad dewr, gonest y milwyr cyffredin. Mae'r trosiad 'Llewod dan arweiniad asynnod' wedi'i ddefnyddio i wahaniaethu rhwng arweinwyr a milwyr, ac mae'n sicr yn gywir ym marn yr haneswyr a'r sylwebwyr diweddarach oedd yn casáu blerwch y cadfridogion wrth i'w gweithredoedd daflu bywydau bechgyn dewr a'u cyfeillion o'r neilltu wrth ymladd dros eu gwlad.

Eto i gyd, roedd natur y rhyfel hwn yn sicr yn annisgwyl. Ni fyddai arweinwyr y ddwy ochr wedi gallu deall y pŵer newydd a ddaeth i'r amlwg ar faes y gad, a'r profiadau a fyddai'n llenwi llenyddiaeth a ffilmiau wedi hynny, drwy leisiau poblogaeth oedd wedi'i hysgwyd ac a gollodd gymaint. Mewn gwirionedd, yn ystod y Rhyfel Byd Cyntaf, canmolwyd yr arweinwyr milwrol am eu gallu a'u trefn. Yn ystod blynyddoedd hir y rhyfel, roedd papurau newydd yn uchel eu cloch am fawredd yr arweinwyr milwrol, gan ymateb i awydd y cyhoedd am ogoniant. Sefydlodd hyn y syniad poblogaidd bod yr arweinwyr yn arwrol ac yn ddi-fai, ac anogodd anwybodaeth o ddamcaniaeth filwrol gyfoes. Hyd yn oed ddegawd ar ôl y rhyfel, roedd y farn yn parhau'n gymharol gadarnhaol. Tyrrodd miloedd i angladd y Cadfridog Haig, i goffáu ei fywyd a'i gydnabod yn 'ddioddefwr' arall o'r rhyfel. Ond gyda chyhoeddi barddoniaeth ar ôl y rhyfel fel gwaith Wilfred Owen, gan gynnig cofnod amrwd ac uniongyrchol o realiti rhyfel, datblygodd barn fwy beirniadol a chollwyd ffydd yn arweinwyr y lluoedd arfog. Yn debyg iawn i'r ffordd y cafodd rhai mythau a darddodd yn y rhyfel eu tanseilio gan haneswyr yn ddiweddarach, roedd y cofnodion hyn yn dadlau yn erbyn y myth gogoneddus ('the old lie, dulce et decorum est pro patria mori') oedd wedi twyllo'r cyhoedd hygoelus. Roedd hunangofiant David Lloyd George wedi amlygu'r ymddiriedaeth amhriodol a roddwyd yn Haig. Mewn awyrgylch o heddychiaeth, ochr yn ochr â gwaith haneswyr fel Alan Clark a ddyfynnodd ddywediad Hindenburg, sef 'llewod dan arweiniad asynnod', bu A. J. P. Taylor yn hynod feirniadol o arweinwyr y Rhyfel Byd Cyntaf. Dim ond yn ddiweddarach y cyflwynwyd dehongliad hanesyddol adolygiadol gan Keegan a Terraine. Mae dehongliadau diweddar wedi ceisio ailwerthuso gweithredoedd y Cadfridogion ac ystyried sut roedden nhw'n gyfrifol am arloesi'n fawr iawn.

Mae pob un o'r ymagweddau meddwl hyn wedi esblygu wrth i haneswyr ddethol ac archwilio tystiolaeth o'r cyfnod – tystiolaeth sy'n agored i'w dehongli ac sy'n gallu cael ei defnyddio i gefnogi amrywiol ddehongliadau, wrth ofyn a yw 'llewod dan arweiniad asynnod' yn asesiad dilys o'r fyddin Brydeinig ar y Ffrynt Gorllewinol yn ystod y Rhyfel Byd Cyntaf.

■ Dehongliadau hanesyddol a datblygiad y ddadl hanesyddol

Unwaith y byddwch chi wedi llunio cyflwyniad drafft yn cynnwys yr elfennau a awgrymir, gallwch ddechrau'r broses o gefnogi eich ateb. Nawr byddai'n syniad da i chi adeiladu strwythur o gwmpas dau neu dri dehongliad gwahanol o'r pwnc dan sylw. Dylai'r cynllun sy'n cael ei awgrymu ar dudalen 20 fod wedi cynnig nifer o ddehongliadau posibl i chi yn barod. Mae dwy elfen sydd wedi eu trafod eisoes yn allweddol os ydych am lwyddo yn hyn:

- Bydd y system o gymeradwyo eich cwestiwn wedi sicrhau bod amrywiaeth o wahanol ddehongliadau ar gael o'r mater rydych chi'n ysgrifennu amdano.
- Bydd marciau'n cael eu rhoi i draethodau sy'n amlwg yn canolbwyntio ar drafod datblygiad y ddadl hanesyddol o amgylch y dehongliadau a'r ffynonellau a ddewisoch i ateb eich cwestiwn.

Elfen hanfodol mewn ateb llwyddiannus yn yr asesiad di-arholiad yw dangos eich dealltwriaeth ac ymwybyddiaeth o'r amryw ddehongliadau a dadleuon hanesyddol sydd wedi datblygu mewn perthynas â'ch cwestiwn. Mae'r elfen hon yn adlewyrchu AA3 sy'n disgwyl i chi ddadansoddi a gwerthuso, mewn perthynas â'r cyd-destun hanesyddol, ffyrdd gwahanol y cafodd agweddau ar y gorffennol eu dehongli. Mae disgrifiadau CBAC ar gyfer Band 6 yn rhoi arwydd clir o'r hyn sydd i'w ddisgwyl gennych er mwyn ateb disgwyliadau AA3.

- Rydych chi'n gallu trafod y cwestiwn a osodwyd yng nghyd-destun dehongliadau eraill.
- Rydych chi'n gallu ystyried dilysrwydd y dehongliadau o ran datblygiad y cyd-destun hanesyddiaethol.

- Rydych chi'n gallu dangos eich bod yn deall sut a pham mae'r pwnc hwn wedi cael ei ddehongli mewn ffyrdd gwahanol.
- Rydych chi'n gallu trafod pam a sut byddai hanesydd neu ysgol hanes benodol yn llunio dehongliad ar sail y dystiolaeth yn y ffynonellau a ddefnyddiwyd.

Er mwyn ymdrin â'r elfen hon yn yr asesiad di-arholiad yn llawn, mae'n bwysig dangos eich bod yn deall sut y ffurfiodd ac y datblygodd gwahanol ddehongliadau hanesyddol, a'u lle yn y ddadl hanesyddol sy'n datblygu am y mater.

Sut caiff dehongliadau hanesyddol eu ffurfio?

Mae llawer o bobl yn meddwl bod astudio hanes yn bennaf yn golygu dysgu rhestri o ddyddiadau, enwau a ffeithiau. Mae'n wir bod astudio hanes yn cynnwys 'stwff' sy'n ffeithiol a thu hwnt i amheuaeth – yn 1910 y digwyddodd terfysgoedd Tonypandy; sefydlwyd y GIG yn 1948; glaniodd y dyn cyntaf ar y lleuad yn 1969. Ond mae astudio hanes yn golygu gwneud llawer mwy na hyn. Gwaith haneswyr yw gwneud synnwyr o'r ffeithiau, meddwl yn feirniadol am y rhesymau dros y ffeithiau a'u canlyniadau, ac yna ffurfio eu dehongliadau eu hunain ar sail y dystiolaeth sydd ar gael.

Un pwynt arall i'w gofio yw y bydd gan haneswyr fynediad at amrywiaeth debyg o wybodaeth a thystiolaeth fel arfer. Ond bydd rhai'n llunio dehongliadau neu gasgliadau gwahanol am ddatblygiadau neu ddigwyddiadau hanesyddol o'r wybodaeth. O gofio hyn, mae hanes bob amser yn amodol – mae atebion gwahanol i'w cael i'r un cwestiwn bron bob tro. Dehongliadau yw'r enw ar y rhain. Yr allwedd i'ch asesiad di-arholiad yw gallu adnabod o leiaf ddau o'r atebion neu'r dehongliadau gwahanol hyn, a gwerthuso eu dilysrwydd.

Mae'ch asesiad yn cynnig cyfle i chi werthuso amrywiaeth o ddehongliadau gwahanol, a'u hasesu i weld a ydyn nhw'n ffyrdd dilys a theg o edrych ar y mater yn y cwestiwn.

Er enghraifft, dim ond un ateb sydd i'r cwestiwn hwn: *Pryd dechreuodd y Rhyfel Byd Cyntaf?* — yr ateb yw 1914. Ond ai dim ond un ateb sydd i'r cwestiwn hwn: *'Y prif reswm pam dechreuodd y rhyfel yn 1914 oedd gweithredu ymosodol yr Almaen.' Pa mor ddilys yw'r asesiad hwn o ddechreuad y rhyfel yn 1914?* Na, dim o gwbl – mae sawl ateb posibl. Byddai haneswyr gwahanol yn dadlau am y cwestiwn hwn ac yn llunio dehongliadau gwahanol am bwysigrwydd cymharol y rhesymau dros ddechreuad y rhyfel. Gallai'r dehongliadau hyn gynnwys elfen o gytuno, neu gallen nhw amrywio'n sylweddol – ac mae'r cyfan yn rhan o natur astudio hanes.

Rhesymau pam gallai haneswyr lunio dehongliadau gwahanol

Un mater y byddwch wedi ei drin mewn elfennau eraill o'ch cwrs Hanes TAG – yn Uned 2 mae'n debyg – yw trafod yn gyffredinol pam mae'n bosibl i haneswyr ffurfio dehongliadau gwahanol o'r un datblygiadau a digwyddiadau. Mae nifer o resymau posibl, fel sydd i'w weld isod.

Amser neu gyd-destun

Mae hanes yn faes astudio poblogaidd, ac mae pob cenhedlaeth yn tueddu i edrych yn ôl ar ddigwyddiadau hanesyddol mewn ffyrdd gwahanol. Mae gwerthoedd a disgwyliadau'n newid, gan olygu bod y digwyddiadau sy'n creu hanes yn cael eu gweld

Cyngor

Gwnewch yn siŵr eich bod yn dangos eich bod yn deall ac yn ymwybodol o ddatblygiad amrywiaeth o ddehongliadau a dadleuon hanesyddol mewn perthynas â'r cwestiwn rydych chi wedi dewis ei ateb.

mewn ffyrdd gwahanol. Mae persbectif yn newid wrth i ddigwyddiadau bellhau. Ar adeg pen-blwydd pwysig neu ddigwyddiad newydd, ailasesir datblygiadau hanesyddol. Os ydych chi'n astudio barn hanesydd neu ysgol hanes benodol, mae'n bwysig gwybod ym mha gyfnod a chyd-destun roedden nhw'n gweithio.

Enghraifft: Cecil Rhodes

Roedd haneswyr Prydeinig tua diwedd yr Ymerodraeth Brydeinig yn gweld Rhodes yn ffigur cadarnhaol fu'n chwarae rôl arweiniol yn nhra-arglwyddiaeth Prydain yn neheubarth Affrica erbyn diwedd y bedwaredd ganrif ar bymtheg. Roedden nhw'n canolbwyntio ar ei ddylanwad economaidd ac addysgol. Dechreuodd agweddau at ffigurau fel Rhodes newid o'r 1950au ymlaen, wrth i wyntoedd cenedlaetholdeb godi drwy gyfandir Affrica. Dechreuodd haneswyr ailasesu dylanwad pobl fel Rhodes, gan ei weld yn rym negyddol gydag agweddau hiliol a goruchafiaethol. Pen draw hyn oedd dadl ynghylch pa mor briodol oedd cael cerflun o Rhodes yng Ngholeg Oriel Rhydychen. Cafodd y ddadl hon lawer o gyhoeddusrwydd. Mae rhai yn chwilio am gyfaddawd rhwng y ddau safbwynt, gan ddadlau bod Rhodes yn gynnyrch ei gyfnod: roedd ganddo argyhoeddiad bod ehangu rheolaeth Prydain yn gwella'r ddynoliaeth, gan ddefnyddio hyn i gyfiawnhau ei ddulliau busnes a gwleidyddiaeth.

Cefndir ac agweddau

Nid yw haneswyr i gyd yr un fath. Mae ganddyn nhw wahanol brofiadau, tueddiadau gwleidyddol, cenedligrwydd, magwraeth ac addysg, a gall y rhain i gyd ddylanwadu ar y ffordd maen nhw'n dehongli hanes. *Nid* yw'r asesiad di-arholiad yn gyfle i adrodd hanes bywyd gwahanol haneswyr, ond mae ffactorau cefndirol ambell waith yn werthfawr wrth ddadansoddi dilysrwydd dehongliadau penodol.

Enghraifft: y Chwyldro Ffrengig

Mae haneswyr adain chwith a Marcsaidd yn pwysleisio'r ystyriaethau oedd yn effeithio ar y dosbarthiadau is. Mae'r rhain yn cynnwys perchnogaeth cyfoeth a chyfalaf, anghydraddoldeb economaidd, ac amodau a chwynion y gweithwyr. Mae llawer o haneswyr y chwith yn awgrymu bod y Chwyldro Ffrengig wedi'i achosi gan anfodlonrwydd y dosbarth gweithiol, annhegwch ffiwdaliaeth yn Ffrainc, anghydraddoldeb cymdeithasol ac economaidd, a diffyg grym gwleidyddol. Gallai haneswyr adain dde neu geidwadol ganolbwyntio yn lle hynny ar ryddid a chyfle economaidd, a methiannau radicaliaeth. Maen nhw'n awgrymu bod y Chwyldro Ffrengig wedi'i sbarduno gan orbwysleisio cwynion a chelwyddau; ceisiodd gyflawni gormod yn rhy gyflym a dirywiodd yn gyfres o frwydrau gwaedlyd am rym.

Cynulleidfa

Mae haneswyr yn ysgrifennu ar gyfer gwahanol gynulleidfaoedd ac at ddibenion gwahanol. Wrth werthuso dilysrwydd gwahanol ddehongliadau, rhaid ystyried y gynulleidfa neu'r diben. Mae hyn yn aml yn ffactor sydd angen ei ystyried os bydd dehongliad yn cael ei fynegi drwy gyfrwng fel rhaglen deledu neu ffilm, er enghraifft.

Enghraifft: Blackadder Goes Forth

Mae rhaglenni teledu fel *Blackadder Goes Forth* wedi cael effaith fawr ar y canfyddiad o'r Rhyfel Byd Cyntaf yn y DU yn ddiweddar. Mae rhai sylwebwyr wedi beirniadu'r ffordd y caiff y rhyfel ei ddarlunio mewn rhaglenni fel hyn am fychanu digwyddiadau ac am gamliwio rhai elfennau – y cadfridogion di-glem, er enghraifft.

Mae sylwebwyr eraill wedi bod yn llawer mwy parod i dderbyn y rhaglenni hyn, gan eu gweld yn bennaf fel adloniant ond hefyd fel ffyrdd gwerthfawr o ddal dychymyg dysgwyr a chynnau eu diddordeb yn y gorffennol. Y pwynt pwysig yw bod rhaglenni fel *Blackadder Goes Forth* yn ddehongliadau o'r rhyfel, wedi'u hysgrifennu gan bobl oedd ddim yno ar y pryd. Felly mae angen eu hystyried yn rhan o ddatblygiad y ddadl hanesyddol am y Rhyfel Byd Cyntaf.

Arbenigedd

Yn aml mae gan haneswyr ddiddordeb penodol yn y mater sy'n cael ei astudio, gan ganolbwyntio ar elfen benodol wrth ddehongli. Gall rhai ganolbwyntio ar agweddau economaidd, rhai ar agweddau gwleidyddol, ac eraill ar agweddau cymdeithasol neu ddiwylliannol. Yn aml, bydd hyn yn effeithio ar eu dehongliad terfynol.

Enghraifft: Protestiadau a gwrthryfeloedd cyfnod y Tuduriaid

Mae'n bosibl i haneswyr ddewis gwahanol ffactorau a cheisio pwysleisio mai'r rhain oedd yn bennaf cyfrifol am ddigwyddiadau a datblygiadau. Enghraifft o hyn yw'r ffactorau a arweiniodd at brotestio a gwrthryfela yng nghyfnod y Tuduriaid. Yn ôl un safbwynt, pwysau economaidd oedd prif achos protestio o'r fath. Gall haneswyr sydd o'r farn hon sôn am brotestiadau fel gwrthryfel Cernyw yn erbyn Harri VII, Pererindod Gras yn 1536 a gwrthryfel Kett yn 1549 fel enghreifftiau i gefnogi eu dehongliadau. Gall grŵp arall o haneswyr honni mai gwleidyddiaeth oedd prif achos y protestio, gan bwysleisio anfodlonrwydd â gweinidogion a chynghorwyr, trefniadau priodas Mari ac uchelgais Ieirll y Gogledd. Mae rhai haneswyr hefyd yn dadlau mai crefydd oedd y ffactor amlycaf yn y gwrthryfeloedd. Roedd gwrthryfelwyr yn erbyn Harri VIII yn feirniadol o'i ddewis o esgobion a'r ffordd yr ymdriniodd â'r mynachlogydd. Roedd dylanwad crefyddol cryf ar wrthryfel Wyatt yn 1554 ac Ieirll y Gogledd yn 1559.

Argaeledd tystiolaeth

Os yw dehongliad am gael ei ystyried yn ddilys, rhaid iddo gael ei seilio'n gadarn ar dystiolaeth. Mae argaeledd tystiolaeth hanesyddol, yn enwedig o'r cyfnod sy'n cael ei astudio, yn rhoi cipolwg i haneswyr ar y cyfnod ac yn gadael iddyn nhw ffurfio a chynnig eu dehongliadau. Ambell waith, daw mathau newydd o dystiolaeth gynradd i'r amlwg, a gall hyn newid dehongliadau haneswyr. Ffactor arall i'w gofio hefyd yw y gall haneswyr ddewis a dethol y dystiolaeth maen nhw'n ei defnyddio i gefnogi eu dehongliadau.

Enghraifft: y Rhyfel Oer

Dylai pob dehongliad hanesyddol gael ei seilio ar dystiolaeth sydd mor amrywiol ac eang â phosibl, fel bod barn gytbwys yn gallu ymddangos. Ond mae llawer o ddata hanesyddol wedi'i golli, naill ai ar ddamwain neu o fwriad, neu efallai oherwydd penderfyniadau ar sail gofod neu lefel diddordeb. Ar y llaw arall, ambell waith nid yw haneswyr yn gallu cael gafael ar dystiolaeth sydd ar gael i haneswyr eraill yn ddiweddarach. Ar rai adegau, caiff dogfennau eu darganfod neu eu cyhoeddi sy'n cynnwys safbwyntiau newydd ar hen ddigwyddiadau cyfarwydd. Efallai fod llywodraethau'n cadw deunydd yn gyfrinachol am gyfnod penodol, yn aml i amddiffyn gwybodaeth sy'n hanfodol ar gyfer diogelwch cenedlaethol. Pan ddaw'r archifau hyn i'r amlwg, maen nhw'n gallu newid y safbwynt hanesyddol ar ddigwyddiad penodol. Er enghraifft, yn dilyn cwymp yr Undeb Sofietaidd yn 1991, daeth amrywiaeth enfawr o archifau Sofietaidd i'r golwg, ac roedd haneswyr yn gallu archwilio llawer mwy o dystiolaeth am achosion y Rhyfel Oer.

Ôl-ddoethineb

Y gair am y broses o edrych yn ôl ar hanes gan wybod beth sydd wedi digwydd ers y digwyddiadau hynny yw ôl-ddoethineb. Gall hwn fod yn offeryn defnyddiol, gan y gall hanesydd sy'n ysgrifennu'n ddiweddarach edrych yn ôl gyda mwy o wybodaeth nag un sy'n ysgrifennu'n agos at yr amser hwnnw. Fel hyn, gall maint yr ôl-ddoethineb fod yn ffactor pwysig wrth esbonio bodolaeth gwahanol ddehongliadau.

Wrth i chi ddechrau ystyried y materion sy'n codi o'r cwestiwn rydych chi wedi'i ddewis, bydd angen i chi gofio'r pwyntiau cyffredinol uchod. Bydd y rhan fwyaf o'r rhain yn berthnasol i'ch ymholiad, a dylen nhw fod yn rhan o'ch gwaith wrth werthuso'r dehongliadau gwahanol.

> **Cyngor**
>
> Gwnewch yn siŵr eich bod yn deall pam mae'n bosibl i haneswyr ffurfio dehongliadau gwahanol o'r un datblygiadau a digwyddiadau.

Tasg 8

Y rhesymau dros ddehongliadau gwahanol

Faint o'r rhesymau posibl dros ddehongliadau gwahanol gan haneswyr sy'n berthnasol i'r pwnc yn eich cwestiwn asesiad di-arholiad chi?

Crynodeb

- Mae unrhyw esboniad o hanes yn amodol – mae'n ddeialog barhaus, a bydd haneswyr yn parhau i ddadlau'n rheolaidd.
- Bydd gan haneswyr safbwyntiau gwahanol ar y gorffennol – bydd llawer o'r rhain yn arwain at ddehongliadau tebyg, ond bydd eraill yn eu gwrth-ddweud.
- Mae dehongliadau haneswyr yn amrywio am lawer o resymau – bydd rhai o'r rhain yn berthnasol i'ch ymgais chi i farnu dilysrwydd gwahanol ddehongliadau o'ch mater.

Enghreifftiau o ddehongliadau gwahanol

Dyma rai enghreifftiau o gwestiynau asesiad di-arholiad, a ffyrdd amrywiol haneswyr ac awduron diweddarach o ddehongli'r materion maen nhw'n eu codi. Mae'r rhain yn gallu cyd-fynd â'r grid cynllunio sy'n cael ei awgrymu ar dudalen 20.

Enghraifft 1

'Bygythiad chwyldro oedd y prif ffactor dros basio Deddf Ddiwygio 1832.' Pa mor ddilys yw'r asesiad hwn o basio Deddf Ddiwygio 1832?

Mae haneswyr wedi ffurfio dehongliadau hanesyddol gwahanol o argyfwng y Ddeddf Ddiwygio, ac mae dadl wedi datblygu ynghylch y mater. Gallai dehongliadau gwahanol gynnwys y canlynol:

- Pasiwyd y Ddeddf Ddiwygio yn bennaf i osgoi chwyldro gan y dosbarth gweithiol.
- Pasiwyd y Ddeddf Ddiwygio yn bennaf i gywiro camddefnydd o'r system etholiadol.
- Pasiwyd y Ddeddf Ddiwygio yn bennaf i gydnabod pŵer a thwf y dosbarth canol.

Enghraifft 2

'Y prif reswm am aflonyddwch diwydiannol yng Nghymru rhwng 1900 ac 1914 oedd pŵer cynyddol yr undebau llafur.' Ydych chi'n cytuno gyda'r asesiad hwn o achosion yr aflonyddwch diwydiannol yng Nghymru rhwng 1900 ac 1914?

Mae haneswyr wedi ffurfio dehongliadau hanesyddol gwahanol o'r aflonyddwch diwydiannol yng Nghymru rhwng 1900 ac 1914, ac mae dadl wedi datblygu ynghylch y mater. Gallai dehongliadau gwahanol gynnwys y canlynol:

- Achoswyd yr aflonyddwch diwydiannol yn y cyfnod hwn yn bennaf gan dwf ac effaith yr undebau llafur.
- Achoswyd yr aflonyddwch diwydiannol yn y cyfnod hwn yn bennaf gan ddirywiad amodau gwaith ar ôl 1900.
- Achoswyd yr aflonyddwch diwydiannol yn y cyfnod hwn yn bennaf gan agwedd a pholisïau perchnogion pyllau a ffatrïoedd.

Enghraifft 3

Ydych chi'n cytuno mai gweithredoedd yr Ymoleuo oedd yn bennaf cyfrifol am ddechreuad y Chwyldro Ffrengig yn 1789?

Mae haneswyr wedi ffurfio dehongliadau hanesyddol gwahanol o'r rhesymau dros ddechreuad y Chwyldro Ffrengig yn 1789, ac mae dadl wedi datblygu ynghylch y mater. Gallai dehongliadau amrywiol gynnwys y canlynol:

- Achoswyd y Chwyldro Ffrengig yn bennaf gan ddylanwad yr Ymoleuo.
- Achoswyd y Chwyldro Ffrengig yn bennaf gan wendidau'r *ancien régime*.
- Achoswyd y Chwyldro Ffrengig yn bennaf gan broblemau ariannol yr 1770au a'r 1780au.

Enghraifft 4

Ydych chi'n cytuno mai ethol Lincoln yn Arlywydd oedd y prif reswm dros ddechreuad Rhyfel Cartref America?

Mae haneswyr wedi ffurfio dehongliadau hanesyddol gwahanol o achosion dechreuad Rhyfel Cartref America, ac mae dadl wedi datblygu ynghylch y mater. Gallai dehongliadau amrywiol gynnwys y canlynol:

- Dechreuodd y Rhyfel Cartref yn bennaf oherwydd ethol Lincoln yn 1860.
- Dechreuodd y Rhyfel Cartref yn bennaf oherwydd mater tymor hir caethwasiaeth.
- Dechreuodd y Rhyfel Cartref yn bennaf oherwydd anghytuno dros hawliau taleithiau.

Defnyddio dehongliadau haneswyr yn eich traethawd

Rhaid pwysleisio unwaith eto nad yw'r asesiad di-arholiad yn gyfle i ysgrifennu popeth rydych chi'n ei wybod am y testun dan sylw. Nid yw chwaith yn ymarfer i'w drin mewn adrannau ar wahân – mae rhan flaenorol o'r canllaw hwn yn cynghori yn erbyn hynny.

Meddyliwch eto am Amcan Asesu 3:

> **Dadansoddi a gwerthuso ffyrdd gwahanol o ddehongli agweddau ar y gorffennol, mewn perthynas â'r cyd-destun hanesyddol.**

Cyngor

Un o'ch tasgau cyntaf fydd adnabod o leiaf dau ddehongliad clir o'r mater yn eich cwestiwn. Dyw hi ddim mor anodd â hynny – mae un dehongliad yn y cwestiwn i chi yn barod! Eich gwaith chi wedyn yw darganfod mwy o wybodaeth am y dehongliadau hyn – pwy ddywedodd nhw, pam cawson nhw eu gwneud, a beth yw'r dystiolaeth sy'n sail iddynt.

Cofiwch hefyd fod hanner y marciau ar gyfer yr asesiad di-arholiad yn cael eu rhoi am ddangos eich gallu mewn perthynas ag AA3.

Yn fwy na dim, mae'ch asesiad yn ymarfer i fesur gwerth y ffynhonnell rydych chi wedi'i dewis ar gyfer eich traethawd, a sut byddai wedi cyfrannu at y ddadl oedd yn datblygu ymhlith haneswyr dros y mater rydych chi'n ei drafod. Nid yw'n ymwneud yn bennaf â *beth* roedd gwahanol haneswyr neu ysgolion hanes yn ei ddweud, ond *pam* roedden nhw'n ei ddweud, o ystyried yr amrywiaeth o ffactorau allai ddylanwadu ar ddehongliadau. Mae'r ffactorau hyn yn cynnwys argaeledd tystiolaeth, y dylanwadau gwleidyddol, cymdeithasol ac economaidd ar ysgol hanes, a dylanwad haneswyr eraill – yn ogystal â sut a pham mae'r ddadl hanesyddol wedi datblygu.

Nid mater o benderfynu a yw dehongliadau'n gywir neu'n anghywir yw hyn, na chrynhoi gwahanol safbwyntiau haneswyr. Yn lle hynny, mae angen i chi ddangos eich bod yn deall bod dehongliadau yn amodol, a'u bod wedi newid dros amser am amrywiol resymau.

Mae'n syniad da mynd ati'n gynnar i greu amlinelliad drafft o'r ddadl hanesyddol ar y pwnc a sut mae wedi datblygu. Gall hwn fod yn fframwaith i'ch gwaith diweddarach, gan ddadansoddi a gwerthuso'r deunydd cynradd rydych chi wedi dod o hyd iddo, a'i ddefnyddio i gefnogi gwahanol ysgolion o feddwl.

Profi dilysrwydd gwahanol ddehongliadau hanesyddol

Unwaith y byddwch chi wedi casglu gwybodaeth am wahanol ddehongliadau a dod i ddeall y ddadl hanesyddol am y mater yn eich cwestiwn, gallwch fynd ymlaen i werthuso dilysrwydd neu gywirdeb rhai o'r dehongliadau sy'n rhan o'r ddadl honno. Bydd y cwestiwn rydych chi wedi'i ddewis yn cynnig cyfle clir i chi werthuso dilysrwydd neu gywirdeb gwahanol ddehongliadau. Dyma ddwy enghraifft o'r math o gwestiwn a gymeradwywyd ar gyfer yr asesiad di-arholiad sy'n cynnig cyfle i chi farnu eu dilysrwydd:

- 'Roedd y Fargen Newydd yn effeithiol tu hwnt yn gwella bywydau pobl America yn yr 1930au.' *Pa mor ddilys yw'r dehongliad hwn o'r* Fargen Newydd?
- *Ydych chi'n cytuno â'r dehongliad mai* Peel oedd arweinydd gwleidyddol mwyaf effeithiol y cyfnod o 1834 hyd 1880?

Mae'r ymadroddion gorchmynnol allweddol yn y mathau hyn o gwestiwn mewn italig uchod:

- Pa mor ddilys yw'r dehongliad hwn o…
- Ydych chi'n cytuno â'r dehongliad…

Mae'r ddau ymadrodd gorchmynnol hyn yn eich gwahodd i drafod dilysrwydd neu gywirdeb dehongliad sy'n ymwneud â'r pwnc rydych chi wedi dewis ei astudio.

Mae'n debygol y bydd yr hanesydd neu'r ymagwedd meddwl rydych chi'n ei ddadansoddi wedi rhoi dehongliad clir o'r mater yn y cwestiwn – er enghraifft: *'Roedd y Fargen Newydd yn effeithiol tu hwnt yn gwella bywydau pobl America yn yr 1930au.' Pa mor ddilys yw'r dehongliad hwn o'r Fargen Newydd?*

Pe baech chi'n ateb y cwestiwn hwn, byddech wedi gwneud ymchwil i ddod o hyd i hanesydd neu grŵp o haneswyr sydd wedi llunio dehongliad o'r fath o'r Fargen Newydd yn yr 1930au. Nesaf byddai angen i chi asesu dilysrwydd neu gywirdeb y dehongliad penodol hwn.

Er mwyn gwneud hyn, efallai y byddech am ystyried rhai o'r cwestiynau canlynol:

- A allwch chi grynhoi neu ddisgrifio dehongliad yr hanesydd/wyr am y Fargen Newydd?
- Ydy'r dehongliad hwn yn perthyn i ysgol benodol o feddwl am y Fargen Newydd? (*Cyngor*: byddwch yn ofalus wrth ddefnyddio labeli fel 'traddodiadwr' neu 'adolygiadwr' os nad ydych chi'n siŵr a ydyn nhw'n berthnasol).
- Ydy'r hanesydd/wyr wedi cymryd safbwynt penodol yn eu dehongliad o'r Fargen Newydd – un gwleidyddol, cymdeithasol neu economaidd o bosibl? (*Cyngor*: mae'n werth ystyried teitl y llyfr neu'r erthygl yn hyn o beth).
- Pa fathau o ffynonellau cynradd sydd ar gael i'r hanesydd/wyr sy'n gwneud y dehongliad hwn o'r Fargen Newydd? (*Cyngor*: gwnewch yn siŵr eich bod yn nodi amrywiaeth o ffynonellau cynradd priodol a fyddai wedi galluogi'r hanesydd/wyr i gefnogi ei ddehongliad).
- Sut byddai'r hanesydd/wyr wedi gallu defnyddio ffynonellau cynradd o'r fath i'w helpu i ffurfio ei ddehongliad o'r Fargen Newydd? (*Cyngor*: edrychwch ar dudalennau 46–48 am gyngor ar sut i integreiddio'r gwaith o ddadansoddi a gwerthuso ffynonellau cynradd yn eich ateb).
- Ydy'r hanesydd/wyr hyn yn ysgrifennu ar gyfer cynulleidfa benodol? (*Cyngor*: ystyriwch elfennau fel teitl y llyfr neu'r erthygl, arddull yr ysgrifennu neu ym mha gyfrwng y cyhoeddwyd y dehongliad.)
- Ydy'r hanesydd/wyr hyn yn ysgrifennu at ddiben penodol? (*Cyngor*: a oes ongl benodol neu fuddiant (*interest*) mae'n ceisio ei wthio – er enghraifft, tuedd genedlaetholgar, herio bwriadol, adloniant neu waith comisiwn?)

Unwaith y byddwch chi wedi ystyried rhai o'r elfennau hyn, gallwch drafod dilysrwydd y dehongliad penodol yn eich cwestiwn. Gallwch ddefnyddio'r un dull ar gyfer dehongliadau gwahanol o'r un mater hefyd.

Defnyddio detholiadau o waith haneswyr

Yma mae'n bwysig mynd yn ôl at y cyngor ar dudalennau 15–16. Roedd y cyngor hwnnw'n diffinio unrhyw ddyfyniadau neu rannau o waith yr haneswyr a astudiwyd fel *detholiadau* – deunydd sy'n berthnasol i'r ymholiad ond sydd wedi'i greu gan sylwebwyr diweddarach.

Y demtasiwn i lawer o fyfyrwyr yw defnyddio detholiadau o waith yr haneswyr maen nhw'n eu hastudio yn eu hatebion. Maen nhw'n gwneud hyn fel arfer i roi syniad o'r dadleuon mae'r hanesydd yn eu cyflwyno. Mewn gwirionedd, nid oes angen cynnwys detholiadau yn eich traethawd gan fod modd rhoi holl farciau AA3 heb iddyn nhw gael eu cynnwys. Ond mae'n bosibl cyfiawnhau cynnwys detholiadau os ydyn nhw'n gwneud mwy na dim ond crynhoi safbwynt yr hanesydd. Mae'n rhesymol defnyddio detholiadau o waith haneswyr os ydyn nhw'n cyfrannu at y drafodaeth – er enghraifft, defnyddio rhan allweddol gan un hanesydd i ddangos bod yr hanesydd hwnnw'n perthyn i ysgol hanes benodol, neu i ddangos sut mae ymagweddau meddwl wedi esblygu.

Os oes angen defnyddio detholiadau i ddangos sut mae'r ymagwedd meddwl wedi datblygu, ceisiwch beidio â defnyddio mwy na dau i bedwar detholiad yn eich ateb. Drwy ddilyn y cyngor hwn, gallwch ganolbwyntio'n well ar werth y dystiolaeth gynradd a chyfoes i helpu i greu gwahanol ddehongliadau, yn hytrach na chrynhoi'r hyn roedd gan haneswyr i'w ddweud am y mater.

Gair olaf o rybudd

Mae llawer o fyfyrwyr yn tueddu i drin detholiadau gan haneswyr yn yr un ffordd ag y maen nhw'n trin deunydd cynradd neu gyfoes: drwy wneud sylwadau am eu defnyddioldeb neu eu dibynadwyedd, er enghraifft. *Ceisiwch osgoi hyn.* Mae gwerthuso detholiadau am eu defnyddioldeb neu eu dibynadwyedd yn aml yn arwain at sylwadau annilys a gwybodaeth anghywir o ran gwirionedd a chywirdeb dehongliad yr hanesydd.

Nid oes marciau am sylwadau gwerthuso ffynhonnell ar ddetholiadau gan haneswyr, ac felly nid yw'n ddilys ystyried tuedd, dibynadwyedd, na chywirdeb detholiadau o'r fath.

Tasg 9

Ffurfio dehongliadau gwahanol

Darllenwch yr enghreifftiau hyn o waith drafft, sy'n ceisio canolbwyntio ar y broses o ffurfio dehongliadau gwahanol. Ystyriwch a ydyn nhw'n effeithiol wrth ganolbwyntio ar ffurfio dehongliadau gwahanol.

Gallwch ddefnyddio'r rhestr wirio yn y crynodeb ar dudalen 36 i'ch helpu i werthuso'r ymatebion.

Enghraifft 1

Enghraifft o hanesydd sy'n perthyn i ysgol benodol o feddwl ar y pwnc hwn yw Gary Sheffield. Ef oedd yr Athro cyntaf ym mhwnc Astudiaethau Rhyfel ym Mhrifysgol Birmingham yn 2006. Mewn erthygl a ysgrifennodd i'r BBC yn 2011, mae Sheffield yn dadlau bod y Cadfridog Haig wedi arwain 'llu ymladd aruthrol', a bod gallu a phrofiad Haig a'i gyd-gadfridogion yn rheswm allweddol dros lwyddiant lluoedd Prydain. Mae Sheffield yn cynrychioli grŵp o haneswyr sydd wedi ceisio adfer enw da cadfridogion Prydain fel arweinwyr cymwys. Mae haneswyr o'r fath yn tueddu i fod â barn fwy cytbwys am rôl y cadfridogion na'r ysgol draddodiadol o feddwl neu'r dehonglwyr sy'n glynu at y syniad o 'lewod dan arweiniad asynnod.'

Mae dehongliad Sheffield yn rhan o'r hyn a ddaeth yn sgil gwaith dylanwadol John Terraine ddechrau'r 1960au, yn enwedig ei waith *Haig: the Educated Soldier.* Dechreuodd Sheffield ei yrfa academaidd fel myfyriwr israddedig ym Mhrifysgol Leeds lle daeth dan ddylanwad gwaith Peter Simkins, oedd ar y pryd yn gweithio fel Pennaeth Ymchwil yn yr Amgueddfa Rhyfel Ymerodrol (*Imperial War Museum*). Roedd Simkins hefyd yn perthyn i'r grŵp o haneswyr oedd yn dadlau bod y cadfridogion wedi chwarae rhan fawr yn llwyddiant Prydain, bod y dehongliad 'llewod dan arweiniad asynnod' bellach yn rhy syml, a bod modd ei herio yn ffeithiol ac yn wrthrychol.

Byddai haneswyr â'r ymagwedd meddwl sy'n cynnwys Terraine, Simkins a Sheffield wedi gallu gweld amrywiaeth o ffynonellau cynradd a chyfoes a'u defnyddio i ddatblygu eu dadleuon.

Enghraifft 2

Mae'r detholiad hwn gan Ian Kershaw yn amlygu gallu Hitler i swyno ac ysbrydoli pobl yr Almaen gyda'r ffordd roedd yn siarad. Mae hyn yn pwysleisio pwysigrwydd Hitler fel grym i argyhoeddi, gan leihau pwysigrwydd polisïau deniadol wrth wneud y blaid Natsïaidd yn boblogaidd. Mae'r detholiad yn awgrymu y gallai Hitler ysbrydoli ei gynulleidfa, cyn belled â'u bod nhw'n rhannu ei deimladau gwleidyddol sylfaenol. Mae hyn yn awgrymu bod polisïau fel polisi economaidd yn bwysig, ond mai Hitler ei hun oedd yn creu poblogrwydd drwy'r credoau sylfaenol a rannai â'r cyhoedd. Mae'r cynnwys yn y detholiad hwn yn gwneud syniadau Bwriadolwyr ynghylch poblogrwydd y blaid Natsïaidd yn fwy dilys, oherwydd y cipolwg mae'n ei gynnig ar arddull perswadiol Hitler, a'i allu i ysbrydoli.

Byddai Kershaw wedi gallu gweld amrywiaeth eang o dystiolaeth, gan y Bwriadolwyr a'r Strwythurwyr, wrth ffurfio ei farn, o gymharu â haneswyr cyfnod cynharach. Gall hynny gyfiawnhau ei gasgliad bod cyfuniad o ffactorau yn gyfrifol am boblogrwydd y gyfundrefn Natsïaidd.

Enghraifft 3

Gallwn ddisgrifio haneswyr fel John Terraine fel adolygiadwyr. Bu Terraine yn gweithio i'r BBC am flynyddoedd lawer, gan ddod yn gynhyrchydd cyswllt ac yn awdur sgript ar y gyfres deledu *The Great War.* Mae'n awdur llyfrau hanes milwrol toreithiog, gyda llawer o'r rhain yn ymwneud â'r Rhyfel Byd Cyntaf. Ef oedd sefydlydd a llywydd Cymdeithas y Ffrynt Gorllewinol, er cof am y rhai a ymladdodd yn y rhyfel. Mae'n fwyaf nodedig am amddiffyn Haig drwy nifer o'i lyfrau. Gan ei fod yn angerddol o blaid y fyddin (ceisiodd ymrestru ddwywaith yn aflwyddiannus) mae'n debygol ei fod yn awyddus i ddarlunio'r fyddin Brydeinig mewn golau cadarnhaol. Gallai ei amddiffyniad o Haig fod yn ymgais i annog dadl, yn hytrach na bod yn werthusiad gwirioneddol o Haig ar sail tystiolaeth.

Mae gan ei lyfr ffocws manwl ar ddigwyddiadau'r Somme, ac oherwydd hyn byddai wedi treulio mwy o amser yn ymchwilio hynny na rhywun fel Laffin, a ysgrifennodd lyfr mwy cyffredinol. Ysgrifennwyd ei lyfr yn gynharach o lawer nag un Laffin, sy'n arwydd o bosibl nad oedd gan Terraine yr un cyfoeth o wybodaeth i edrych drwyddi.

Crynodeb

Er mwyn dod i farn y gellir ei chyfiawnhau am ddilysrwydd neu gywirdeb dehongliad, gallech ddefnyddio'r rhestr wirio ganlynol:

- Ydych chi wedi nodi bod y dehongliad penodol yn perthyn i farn neu ysgol hanes benodol?
- Oes bwriad penodol gan yr hanesydd wrth ysgrifennu? Ydy hyn yn cryfhau neu'n gwanhau'r dehongliad?
- Oes amrywiaeth o ffynonellau cynradd priodol yn cefnogi'r dehongliad yn ddigonol?
- Ydy'r dehongliad hwn yn fwy neu'n llai argyhoeddiadol na dehongliadau eraill o'r un pwnc?

■ Dadansoddi a gwerthuso ffynonellau cynradd ar gyfer yr asesiad di-arholiad

Fel sy'n cael ei bwysleisio ar dudalen 32, yn fwy na dim mae'ch asesiad di-arholiad yn ymarferiad i fesur gwerth y ffynhonnell rydych chi wedi'i dewis ar gyfer eich traethawd, a sut byddai wedi cyfrannu at ddatblygiad y ddadl ymhlith haneswyr ynghylch y mater yn eich cwestiwn.

Wrth brofi dilysrwydd y dehongliadau o'ch mater, y cyngor yw ystyried pob un o'r cwestiynau canlynol:

■ Pa ffynonellau cynradd sydd ar gael i'r hanesydd wrth lunio dehongliad penodol o'r mater?
■ Sut byddai'r hanesydd yn gallu defnyddio ffynonellau cynradd o'r fath i'w helpu i ffurfio dehongliad o'r mater?

Rydych hefyd wedi cael cyngor i wneud yn siŵr y gallwch nodi amrywiaeth o ffynonellau cynradd priodol fyddai wedi galluogi haneswyr i gefnogi eu dehongliad penodol. Yna mae angen dadansoddi a gwerthuso'r ffynonellau cynradd hyn yn drylwyr i ddangos eich bod yn deall sut bydden nhw wedi helpu haneswyr i greu eu dehongliadau penodol o'r testun.

Casglu ffynonellau cynradd – nodyn i'ch atgoffa

Yn gynharach yn y canllaw (gweler tudalen 22) y cyngor oedd dewis 6–8 o ffynonellau cynradd i'w dadansoddi a'u gwerthuso yn eich asesiad di-arholiad, a bod angen i'r rhain gynnwys amrywiaeth o fathau o ddeunydd, fel y canlynol:

■ adroddiadau swyddogol	■ areithiau	■ posteri
■ dyddiaduron	■ cartwnau	■ pamffledi
■ llythyrau	■ adroddiadau papur newydd	■ ffotograffau

Unwaith y byddwch wedi casglu amrywiaeth o ddeunydd cynradd addas, gallwch chi eu dadansoddi a'u gwerthuso er mwyn profi dilysrwydd gwahanol ddehongliadau o'r mater rydych chi'n ei astudio.

Cyngor

Cofiwch ddethol 6–8 o ffynonellau cynradd sy'n cynrychioli amrywiaeth o wahanol fathau o dystiolaeth.

Dewis ffynonellau credadwy

Pan fyddwch chi wedi adnabod nifer o ffynonellau cynradd, bydd angen i chi asesu pa mor addas ydyn nhw ar gyfer eich asesiad di-arholiad. Y maes cyntaf i'w ystyried wrth ddewis eich deunydd ffynhonnell cynradd yw ei hygrededd.

Ystyriwch yr enghraifft ganlynol. Rydych chi wedi dod o hyd i ymagwedd meddwl sy'n credu mai'r prif reswm dros lwyddiant y mudiad Hawliau Sifil yn UDA oedd arweinyddiaeth Martin Luther King. Er mwyn profi dilysrwydd y dehongliad hwn, bydd angen i chi gyflwyno ac asesu tystiolaeth o ffynhonnell gynradd sy'n ei gefnogi. Fel arall, barn neu ddatganiad yn unig fyddai'r dehongliad. Gallai'r dystiolaeth sy'n cael ei chyflwyno gynnwys y canlynol:

- enghreifftiau o'r hyn a ddywedodd King
- enghreifftiau o'r hyn a wnaeth King
- beth ysgrifennodd pobl eraill am King ar y pryd

Er mwyn defnyddio'r ffynhonnell gynradd hon yn effeithiol, mae angen i chi asesu ei hygrededd.

Wrth ddod i farn am hygrededd y dystiolaeth rydych chi am ei chyflwyno yn eich asesiad, dylech ystyried y cwestiynau canlynol yn gyntaf:

1 *Beth rydych chi'n ei wybod am awdur/crëwr y ffynhonnell?* Ydy'r awdur/ crëwr yn ffigur pwysig yn y mudiad Hawliau Sifil? Oes gan yr awdur/ crëwr enw da am fod yn onest?

2 *Pa mor agos at y mater yw awdur/crëwr y ffynhonnell?* A yw'n cymryd safbwynt niwtral ar gynnydd y mudiad Hawliau Sifil, neu a oes ganddo/i ddiddordeb penodol yn rôl Martin Luther King? Gallai hynny arwain at gyhuddiadau o duedd o ryw fath.

3 *A yw'r awdur/crëwr yn llygad-dyst i ddigwyddiadau?* Yn gyffredinol, bydd adroddiadau llygad-dystion o rôl King yn cael eu hystyried yn fwy credadwy na thystiolaeth ail law fel erthyglau papur newydd a ysgrifennwyd gan newyddiadurwyr. Ond a yw hynny o reidrwydd yn gywir?

4 *Oes modd cadarnhau'r ffynhonnell rydych chi'n bwriadu ei defnyddio?* Oes gennych chi ragor o dystiolaeth i gefnogi cynnwys neu farn y ffynhonnell benodol rydych chi'n ei dadansoddi? Gall cyfanswm y dystiolaeth gryfhau'r ddadl.

5 *Beth yw'r cyd-destun ehangach y crëwyd y ffynhonnell ynddo?* Mae cyd-destun yn cyfeirio at yr amgylchiadau y crëwyd y dystiolaeth ynddynt. Mae hyn yn arbennig o bwysig wrth ddadansoddi ffynonellau hanesyddol, oherwydd gallai'r awdur/crëwr fod yn ymateb â sawl emosiwn i'r digwyddiadau neu'r datblygiadau mewn perthynas â'r mudiad Hawliau Sifil, er enghraifft.

Drwy ofyn y cwestiynau hyn am y ffynhonnell gynradd rydych chi wedi'i darganfod, dylech fod mewn sefyllfa i ddewis y ffynonellau mwyaf priodol i'w gwerthuso fel tystiolaeth gredadwy i hanesydd wrth ddehongli.

Cyngor

Defnyddiwch y cwestiynau hyn i brofi hygrededd y ffynonellau cynradd rydych chi wedi eu canfod.

Tasg 10

Barnu hygrededd y dystiolaeth

Ceisiwch gymhwyso'r pum cwestiwn uchod i ddwy o'r ffynonellau cynradd rydych chi wedi'u canfod ar gyfer eich asesiad.

Neu, ceisiwch gymhwyso'r cwestiynau i'r ddau ddarn canlynol o ffynonellau cynradd. Mae'r ddau'n adroddiadau papur newydd cyfoes o Gyflafan Peterloo a ddigwyddodd ar 16 Awst 1819. Gallai fod yn ddefnyddiol i chi chwilio am wybodaeth am awduron y ddau adroddiad.

Ffynhonnell A

Bydd digwyddiadau ddoe yn dwyn melltith ddwys a pharhaol ar enw Henry Hunt a'i gymdeithion gan lawer o deuluoedd sy'n galaru, ynghyd ag aelodau synhwyrol cymdeithas yn gyffredinol. Ar ôl mynd ati'n drahaus i wahodd presenoldeb torf o bobl – a allai fod cynifer â 100,000 o unigolion – aethant ymlaen i'w hannerch gydag iaith ac awgrymiadau o'r natur enbydus a mileinig arferol.

Ychydig cyn dau o'r gloch, seiniodd yr utgorn a symudodd Marchoglu Iwmyn Manceinion drwy'r dorf, gan amgylchynu Hunt a'i gyd-siaradwyr ar y llwyfan. A dyma ddod at ddarn poenus yn yr erthygl hon: arweiniodd angerdd angenrheidiol y milwyr wrth gyflawni eu dyletswydd yn gyfreithlon, mae'n ddrwg gennym ddweud, at rai digwyddiadau angheuol a nifer o rai difrifol. Rhedwyd dros dafarnwr parchus a'i anafu'n angheuol, a phrofodd gŵr ifanc arall yr un ffawd.

O adroddiad gan Joseph Harrop, a gyhoeddwyd yn y papur newydd lleol, y *Manchester Mercury* (17 Awst 1819)

Ffynhonnell B

Marchogodd Marchoglu Iwmyn Manceinion i mewn i'r dorf. Symudodd y dorf o'r ffordd er mwyn hwyluso eu taith at y llwyfan lle'r oedd Hunt yn siarad. Ni thaflwyd yr un garreg atynt, ac ni thaniwyd gwn yn ystod eu taith. Roedd y cyfan yn dawel ac yn drefnus, fel pe bai'r marchoglu'n gyfeillion i'r dorf ac wedi symud drwyddynt yn y modd hwnnw.

Cyn gynted ag yr arestiwyd Hunt a'i gymryd oddi ar y llwyfan, cafwyd cri gan y marchoglu, 'Tynnwch eu baneri'. O ganlyniad, rhuthrodd y milwyr nid yn unig at y baneri ar y llwyfan ond hefyd y rhai oedd wedi'u gosod ynghanol y dorf, gan farchogaeth i'r dde ac i'r chwith fel ei gilydd i'w cipio. O ganlyniad, dechreuodd pobl redeg i bob cyfeiriad, a dim ond ar ôl cyflawni'r weithred hon y taflwyd unrhyw gerrig at y milwyr.

O'r funud honno, collodd Marchoglu Iwmyn Manceinion bob rheolaeth ar eu tymer. Roedd gŵr o'r enw Saxton yn sefyll ger y llwyfan. Rhuthrodd preifat ato gyda'i gleddyf a dim ond drwy symud i'r ochr y torrodd yr ergyd ei gôt a'i wasgod. Roedd dyn arall o fewn pum llath i ni mewn cyfeiriad arall, ac fe gollodd ef ei drwyn yn llwyr yn sgil ergyd gan gleddyf. O weld yr holl waith ofnadwy hwn, roedden ni'n teimlo arswyd, ac fe allech faddau i unrhyw ddyn am deimlo felly yn y fath sefyllfa.

O adroddiad gan John Tyas, a gyhoeddwyd yn y papur newydd cenedlaethol, *The Times* (19 Awst 1819)

Dadansoddi a gwerthuso'r ffynonellau cynradd rydych chi wedi'u dewis

Ar ôl asesu hygrededd eich ffynonellau, gallwch ddechrau eu dadansoddi a'u gwerthuso yn eich ateb. Cofiwch fod CBAC yn eich cynghori i gynnwys eich dewis o ffynhonnell yn uniongyrchol yn eich ateb. Mae'n bwysig eich bod yn gallu labelu'r ffynonellau rydych chi wedi eu dewis gyda phriodoliad llawn.

Dylai hyn gynnwys yr elfennau canlynol, os ydych chi'n eu gwybod:

■ enw'r awdur/crëwr
■ rôl/swydd yr awdur/crëwr

- math o ffynhonnell
- enw'r ffynhonnell (os ydych chi'n gwybod)
- cynulleidfa bosibl
- dyddiad creu

Er enghraifft, mae 'Philip Gibbs, newyddiadurwr i bapur newydd *The Times*, mewn adroddiad ar gyrch y Somme (3 Gorffennaf 1916)' yn fwy effeithiol na 'Philip Gibbs, newyddiadurwr, Gorffennaf 1916'.

Camgymeriadau i'w hosgoi

Mae nifer o gamgymeriadau posibl wrth ymdrin â ffynonellau cynradd. Dyma rai ohonynt:

- Canolbwyntio *gormod ar gynnwys* y ffynhonnell, gan gynnig crynodeb neu ddisgrifiad byr o'r hyn mae'n ei ddweud neu'n ei ddangos. Mae atebion sy'n gwneud hyn yn llawn ymadroddion fel 'dywed y ffynhonnell...' neu 'mae'r ffynhonnell yn dangos...'
- Gwneud sylwadau ar yr hyn mae'r ffynhonnell yn ei ddweud *yn gyffredinol* yn hytrach na chanolbwyntio ar yr hyn mae'n ei ddweud am fater y cwestiwn. Ceisiwch beidio ag anghofio beth yw'r union fater – dadansoddwch gynnwys y ffynhonnell i ddangos sut mae'n darlunio'r mater penodol hwn.
- Gwneud sylwadau ar y ffynhonnell *ar ei phen ei hun*. Efallai y bydd rhywun yn gwneud sylwadau dadansoddol am y ffynhonnell, ond yn anghofio'i gosod yn ei chyd-destun hanesyddol priodol. Mae'r hyn sy'n digwydd ar adeg creu'r ffynhonnell yn hanfodol i ddeall ymateb y crëwr.
- Gwneud *sylwadau fformiwläig a mecanyddol* ar awduraeth y ffynhonnell. Mae'r rhain yn cynnwys sylwadau fel 'rhaid bod y cofnod hwn yn wir gan fod yr awdur yno ar y pryd', 'mae'r awdur yn wleidydd a does dim modd ymddiried ynddo', neu 'nid yw cartwnau yn ddefnyddiol gan eu bod yn gorbwysleisio rhai elfennau'.
- Peidio â gwerthuso'r ffynhonnell *o ran ei defnyddioldeb i hanesydd wrth wneud dehongliad penodol*. Dylech fod wedi dewis eich ffynonellau am eu bod yn nodweddiadol o'r holl dystiolaeth fyddai ar gael i hanesydd. Felly mae angen i ran o'r gwerthusiad gynnwys sylw sy'n nodi sut byddai hanesydd yn gallu defnyddio'r ffynhonnell hon wrth wneud dehongliad penodol.

Ar ôl adnabod a dewis y deunydd ffynhonnell rydych chi am ei ddefnyddio a sefydlu ei hygrededd, gallwch ddechrau dadansoddi a gwerthuso pob ffynhonnell am ei dilysrwydd wrth helpu i ffurfio a chefnogi dehongliadau gwahanol. Bydd angen i chi ystyried y rhan fwyaf o'r agweddau canlynol.

Ystyried cynnwys y ffynhonnell

Bydd hyn yn gadael i chi ystyried y math o ffynhonnell – er enghraifft, ydy hi'n llythyr neu'n gartŵn? – a hefyd beth mae'r ffynhonnell yn ei ddweud neu'n ei ddangos am y mater dan sylw. Gallwch wneud hyn drwy ganolbwyntio ar eiriau, ymadroddion neu fanylion allweddol yn y ffynhonnell. Er enghraifft, mae'r ffynhonnell ar y dudalen nesaf yn cynnwys llawer o fanylion am Derfysgoedd Rebeca, ond mae'r wybodaeth am y terfysgoedd eu hunain yn eithaf syml.

Cyngor

Gwnewch yn siŵr eich bod yn labelu pob ffynhonnell gyda phriodoliad llawn.

Cyngor

Osgowch sylwadau fformiwläig a mecanyddol wrth geisio gwerthuso ffynonellau cynradd.

Darlun o Derfysgoedd Rebeca, a gyhoeddwyd yn yr *Illustrated London News* (1843)

Wrth ddefnyddio'r ffynhonnell hon, dylech nodi rhai pwyntiau amlwg yn y darlun, fel trais y brotest a'r ymgais i guddwisgo.

Ystyried awduraeth y ffynhonnell

Ambell waith mae'r enw 'tarddiad y ffynhonnell' yn cael ei roi ar hyn. Dylech ystyried beth gallwch ei ddysgu am awdur neu grëwr y ffynhonnell. Bydd angen i chi ystyried rôl neu swydd yr awdur/crëwr ar yr adeg y crëwyd y ffynhonnell, ac i ba raddau roedd mewn sefyllfa i wybod am y digwyddiadau neu'r datblygiadau mae'n cyfeirio atyn nhw.

Er enghraifft, mae ymchwilio a deall awduraeth yn hanfodol i allu dadansoddi a gwerthuso'r ffynhonnell ganlynol:

> Bobl Rwsia, mae ein gwlad wych ac aruchel yn marw. Mae ei diwedd yn agos. Rwyf i wedi fy ngorfodi i siarad yn agored, ac rwyf i, y Cadfridog Kornilov, yn datgan bod y Llywodraeth Dros Dro, dan bwysau eithafol gan y mwyafrif Bolsiefigaidd yn y Sofietau, yn lladd y fyddin ac yn ysgwyd y wlad nes iddi waedu. Rwy'n argyhoeddedig bod diwedd y wlad yn anochel, sy'n beth ofnadwy ac arswydus. Felly caf fy ngorfodi yn y cyfnod brawychus hwn i alw ar bob Rwsiad da a gwladgarol i achub eu gwlad sydd ar farw.

Y Cadfridog Kornilov, mewn apêl i bobl Rwsia, a gyhoeddwyd ym mhapur newydd Petrograd, *Novoa Vremia* (Awst 1917)

Wrth werthuso'r ffynhonnell hon dylech gynnwys arwydd clir eich bod yn gwybod pwy yw'r Cadfridog Kornilov, a pham mae'n teimlo bod angen cyhoeddi apêl o'r fath i bobl Rwsia ar yr adeg hon.

Ystyried safbwynt y ffynhonnell

Mae safbwynt yr awdur yn elfen bwysig i'w hystyried. Os yw'r awdur yn sylwedydd neu'n llygad-dyst, mae'n bosibl y bydd yn cyflwyno cofnod ffeithiol o'r hyn a welodd. Ond os yw'r awdur yn ffigur sy'n rhan o'r digwyddiadau, dylech ystyried y dystiolaeth o'r safbwynt hwn. Efallai fod yr awdur yn cefnogi neu'n gwrthwynebu'r llywodraeth, y gyfundrefn neu'r pennaeth y mae'n gwneud sylwadau amdano/i. Efallai fod gan yr awdur farn wleidyddol, economaidd neu grefyddol benodol, ac mae hyn yn debygol o effeithio ar ei safbwynt.

Ffordd arall o ddadansoddi safbwynt ffynhonnell yw ystyried yr iaith sy'n cael ei defnyddio. Efallai y byddwch yn sylwi mewn sawl ffynhonnell fod rhywfaint o'r iaith ynddi wedi'i hysgrifennu mewn ffordd benodol. Efallai fod yr iaith yn eithafol neu'n ormodol, naill ai mewn ffordd gadarnhaol neu negyddol. Gall hyn eich helpu chi i ddeall a oes gan yr awdur safbwynt penodol, a gall eich helpu i asesu dilysrwydd y dystiolaeth mae'r ffynhonnell yn ei chyflwyno.

Cyngor

Defnyddiwch eich sgiliau ymchwilio i ddysgu cymaint ag y gallwch am awdur/ crëwr y ffynhonnell.

Cyngor

Gall safbwynt olygu ystyried rôl neu berthynas yr awdur â'r digwyddiadau dan sylw. Gall yr iaith a ddefnyddir yn y ffynhonnell hefyd roi awgrymiadau cryf ynghylch hyn.

Tasg 11

Safbwynt ffynhonnell

Darllenwch y ffynhonnell ganlynol a nodwch unrhyw eiriau neu ymadroddion a allai gynnwys tuedd, ac sy'n awgrymu y gallai'r ffynhonnell fod yn annibynadwy wrth ddadansoddi Oliver Cromwell. Byddai'n sicr yn werth gwneud ychydig o ymchwil ar yr awdur a'r gynulleidfa wrth werthuso'r ffynhonnell.

> Mae'r Amddiffynnydd Cromwell wedi cipio awdurdod gormesol a sofraniaeth y deyrnas iddo ei hun gan esgus mai gwyleidd-dra a gwasanaeth cyhoeddus yw'r rheswm. Ni welwyd erioed gymaint o ufudd-dod ac ildio i awdurdod ymhlith pobl Lloegr ag yn y cyfnod presennol. Mae Cromwell wedi llethu ysbryd y bobl mewn ffordd drahaus, i'r graddau nad ydynt yn meiddio gwrthryfela. Yr unig beth y gallant ei wneud yw sibrwd dan eu gwynt, er bod pawb yn byw mewn gobaith tragwyddol o newid yn y drefn reoli cyn hir.

Lorenzo Paulucci, Llysgennad Fenis i Loegr, yn ysgrifennu adroddiad i reolwyr Fenis (21 Chwefror 1654)

Ystyried pam crëwyd y ffynhonnell

Mae hyn yn golygu ymchwilio i ddarganfod pam crëwyd y ffynhonnell, a dylai gynnwys ystyriaeth o'r gynulleidfa darged. Er enghraifft, a ysgrifennwyd y ffynhonnell i'w chyhoeddi i gynulleidfa benodol, neu a oedd hi'n llythyr preifat neu'n gofnod mewn dyddiadur? Efallai fod dogfen a ysgrifennwyd ar gyfer cynulleidfa fwy cyhoeddus wedi'i geirio'n wahanol i rywbeth mewn cyd-destun mwy preifat. Efallai fod rhai ffynonellau wedi'u hysgrifennu i hysbysu pobl, fel adroddiad gan ohebydd tramor yn yr Almaen yn yr 1930au. Elfen arall i'w hystyried yw a oedd yr awdur yn ceisio ennill cefnogaeth i'w achos, neu'n ceisio perswadio pobl eraill i fabwysiadu safbwynt penodol.

Cyngor

Ffordd effeithiol arall o werthuso ffynonellau cynradd yw ystyried eu pwrpas a'u cynulleidfaoedd posibl.

Tasg 12

Pwrpas ffynhonnell

Ystyriwch y ffynhonnell ganlynol. Pa gwestiynau byddech chi'n dymuno eu gofyn am y ffynhonnell hon? Ystyriwch yr awdur, y cyd-destun a'r gynulleidfa.

> Roedd y boblogaeth yn llifo o'r ddinas mewn colofnau hir. Ar gerti, ar droed, ar gefn ceffyl. Pawb yn ceisio ei achub ei hun. Pawb yn cario popeth allen nhw. Blinder, llwch, chwys, panig ar bob wyneb, digalondid, poen a dioddefaint ofnadwy. Mae ofn yn eu llygaid, eu symudiadau'n llechwraidd, ac mae arswyd dychrynllyd yn eu gormesu. Roedd fel pe bai'r cwmwl o lwch a grëwyd ganddyn nhw wedi'i glymu ei hun atynt i'w chwythu i ffwrdd. Gorweddaf yn ddi-gwsg ger y ffordd, yn gwylio'r caleidosgop uffernol. Mae cerbydau milwrol hyd yn oed yn rhan ohono, ac ar draws y caeau mae troedfilwyr wedi'u gorchfygu a marchfilwyr colledig yn ymlwybro. Does yr un dyn o'u plith yn dal i gario ei offer llawn. Mae'r dorf flinedig yn llifo i lawr y dyffryn, yn rhedeg ac yn cilio.

Pal Kelemen, swyddog ym marchlu Hwngari, yn ysgrifennu yn ei ddyddiadur am gwymp Lemberg yng ngwlad Pwyl (3 Medi 1914)

Ystyried dyddiad y ffynhonnell

Mae dyddiad y ffynhonnell yn hanfodol, gan fod hyn yn caniatáu i chi osod y ffynhonnell yn ei chyd-destun hanesyddol priodol. Mae eich asesiad di-arholiad yn gyfle delfrydol i ddatblygu'r sgìl penodol hwn. Gallai ffynhonnell benodol ddweud pethau penodol, bydd ganddi awdur penodol, bydd wedi'i hysgrifennu ar gyfer cynulleidfa benodol, ond mae'n hanfodol dangos eich bod yn deall amgylchiadau'r cyfnod y crëwyd y ffynhonnell ynddo. Gall y dyddiad yr ysgrifennwyd ffynhonnell gael effaith sylweddol ar ei hawdur, yn enwedig wrth ddylanwadu ar ei farn. Efallai fod y ffynhonnell wedi'i chreu yn union cyn neu ar ôl digwyddiad arwyddocaol, neu hyd yn oed yn ystod digwyddiad os ydyn nhw'n ffotograffau. Wrth ystyried yr elfen hon, mae rhai darnau o ddeunydd cefnogol, sydd wedi'u dewis yn ofalus ac sydd â chyswllt amlwg â'r ffynhonnell, yn llawer mwy effeithiol na chyflwyno swm mawr o wybodaeth am y mater yn y ffynhonnell ond sydd heb fod yn berthnasol i'r gwerthuso.

Ystyriwch y ffynhonnell ganlynol a'r ddau ymateb isod.

> Ewch i'r dafarn mewn unrhyw wlad o dir caeedig ac fe welwch y rhesymau dros dlodi a nifer uchel y bobl dlawd. Pam maen nhw angen bod yn sobr i unrhyw un? Pam maen nhw angen cynilo eu harian i unrhyw un? Dyna gwestiynau'r tlodion. Pe byddai cau tiroedd o fantais i bobl dlawd, fyddai nifer y tlodion ddim yn codi yn y plwyfi hyn ar ôl deddf i gau'r tir. Dywed y tlodion yn y plwyfi hyn: 'efallai fod y Senedd yn edrych ar ôl eiddo, ond y cyfan rwyf i'n ei wybod yw bod gennyf fuwch unwaith, ac erbyn hyn mae deddf Seneddol wedi ei chymryd hi oddi arnaf.' Rwyf i wedi clywed miloedd yn dweud pethau tebyg gyda gwirionedd.

Arthur Young, awdur yn ysgrifennu am amaethyddiaeth ym Mhrydain, yn ei adroddiad *An Enquiry into the Propriety of Applying Wastes* (1801)

Ymateb 1: Mae'r ffynhonnell yn dadlau bod cau tiroedd wedi cael effaith ddychrynllyd ar fywydau llawer o weithwyr amaethyddol erbyn 1801, gan arwain at anobaith a mwy o dlodi yn sgil colli hawliau tir comin fel pori gwartheg. Yn sicr mae rhywfaint o wirionedd yn yr hyn mae Young yn ei ysgrifennu. Roedd colli hawliau comin yn cynnwys yr hawl i bori gwartheg neu ddefaid, yn ogystal â phori gwyddau, tir i foch, casglu gweddillion y cynhaeaf, mwyar, a thanwydd. Ar ben hynny, mae'r ystadegau swyddogol yn cefnogi adroddiad Young, oherwydd erbyn y cyfnod hwn roedd cynnydd dramatig yn nifer y bobl oedd yn symud o gefn gwlad i'r trefi diwydiannol newydd. Dyblodd poblogaeth Llundain rhwng 1750 ac 1801, er enghraifft.

Ymateb 2: Dywed y ffynhonnell fod pobl dlawd yng nghefn gwlad wedi mynd yn llawer tlotach oherwydd cau tiroedd, a bod llawer o bobl wedi troi at yfed i anghofio eu problemau. Pasiwyd tua 4,000 o Ddeddfau Cau Tiroedd yn y cyfnod hwn, gan olygu nad oedd unrhyw dir comin o gwbl, bron, ar ôl. Er bod cau tiroedd comin wedi bod yn digwydd ers cyfnod y Tuduriaid, roedd datblygiadau mewn amaethyddiaeth yn y ddeunawfed ganrif yn golygu y daeth cyfuno tiroedd yn broffidiol, gan arwain pobl i ffermio ar raddfa fawr ac annog perchnogion ystadau i hawlio mwy a mwy o dir. Er bod y bobl gyffredin yn cael iawndal am eu colledion, yn gyffredinol roedden nhw'n cael parseli tir llai âr a llai o faint.

Mae Ymateb 1 yn defnyddio ymadroddion gwerthuso sy'n cysylltu rhywfaint o wybodaeth gyd-destunol â'r ffynhonnell. Enghreifftiau yw 'mae rhywfaint o wirionedd', sy'n ceisio cyfiawnhau barn Young, a defnyddio'r ymadrodd 'Ar ben hynny', gydag enghraifft arall o wybodaeth gyd-destunol sy'n cadarnhau honiadau Young.

Mae'r ail ymateb yn cynnwys mwy o wybodaeth gyd-destunol ond nid yw'n defnyddio hynny i werthuso'r ffynhonnell. Nid oes unrhyw eiriau gwerthuso ac nid yw'r wybodaeth yn esbonio a yw'r farn yn y ffynhonnell yn ddilys ai peidio.

Cyngor

Cysylltwch eich deunydd cefnogol yn glir â'r ffynhonnell. Mae hyn yn fwy effeithiol na defnyddio llawer o wybodaeth am y mater cyffredinol sydd dan drafodaeth.

Tasg 13

Gwerthuso ffynonellau cynradd

Wrth werthuso ffynonellau cynradd, gallai fod yn fuddiol llunio grid fel yr un isod i chi allu trafod yr holl agweddau a awgrymwyd.

Ffynhonnell	Beth mae'n ei ddweud?	Pwy yw'r awdur?	Pam cafodd ei hysgrifennu?	Pryd cafodd ei hysgrifennu?	Cyswllt ag ymagwedd meddwl?	Barn?
A						
B						
C						

Sut byddai hanesydd yn gallu defnyddio'r ffynhonnell hon i gefnogi dehongliad?

Yn ogystal â dadansoddi'r ffynonellau rydych chi wedi'u dewis i ddangos eich gallu AA2, rhaid i chi hefyd ystyried *gwerth y ffynhonnell rydych wedi'i dewis wrth gyfrannu at ddatblygiad y ddadl ymhlith haneswyr ynghylch y mater dan sylw*. Mewn geiriau eraill, sut byddai'r hanesydd/wyr wedi gallu defnyddio ffynonellau cynradd o'r fath i'w helpu i ffurfio eu dehongliad o'r mater?

Dyma yw hanfod gallu dadansoddi a gwerthuso ffynonellau cynradd ar gyfer yr asesiad di-arholiad. Mae'n mynd y tu hwnt i'r hyn mae'r ffynhonnell yn ei ddangos neu'n ei olygu. Mae'n ymwneud â sut byddai hanesydd yn gallu defnyddio'r ffynhonnell. Beth yw ei gwerth? Pa mor werthfawr yw'r dystiolaeth?

Er mwyn ystyried gwerth y ffynhonnell gynradd yn effeithiol, mae angen i chi integreiddio'r ffordd rydych chi'n trin eich ffynonellau gyda'ch trafodaeth ar ddatblygiad y ddadl hanesyddol. Nid yw hwn yn sgìl anodd ei feistroli, ond mae'n mynd â'r gwaith o werthuso'r ffynhonnell gynradd un cam ymhellach. Ni ddylech werthuso ffynonellau cynradd ar eu pen eu hunain. Dyma'r pwynt allweddol i'w gofio: nid oes modd ystyried dehongliadau hanesyddol yn ddilys oni bai eu bod wedi'u seilio ar dystiolaeth gynradd. Dyma hanfod eich asesiad di-arholiad.

Tasg 14

Cysylltu ffynhonnell â dehongliad

Roedd myfyriwr yn ceisio ateb y cwestiwn canlynol, ac wrth ymchwilio daeth o hyd i'r ffynhonnell isod.

'Daeth y gwrthwynebiad mwyaf difrifol i'r blaid Natsïaidd yn y cyfnod 1933–45 oddi wrth sefydliadau crefyddol.' Pa mor ddilys yw'r farn hon am y gwrthwynebiad i'r blaid Natsïaidd yn y cyfnod hwn?

> Mae cyfnod anodd 1938, gyda'i argyfyngau niferus, wedi dangos nad yw'r cylchoedd hyn o wrthwynebwyr yn cael eu dileu drwy ddinistrio sefydliadau rhyddfrydol a heddychlon yn unig. Nid yn ei ffurfiau sefydliadol y mae arwyddocâd rhyddfrydiaeth yn gorwedd, ond yn agwedd fewnol yr unigolion sy'n arddel syniadau rhyddfrydol. Yng nghylchoedd deallusol y byd academaidd, yr agwedd ryddfrydol sydd fwyaf cyffredin hyd heddiw, ac felly mae'n ceisio recriwtio pobl ifanc academaidd o'r un meddylfryd.
>
> Ym maes celf, mae dylanwadau rhyddfrydol wedi cryfhau. Dangosodd Amgueddfa Breslau arddangosfa o beintio Tsieineaidd ar yr un pryd â Gŵyl Gymnasteg a Chwaraeon yr Almaen. Mae ffilm a cherddoriaeth boblogaidd yn llithro fwy a mwy tuag at themâu gwag ac erotig. Gwelir mwy a mwy o lyfrau tramor mewn siopau llyfrau, a chaiff athrawon â thuedd ddemocrataidd eu cyflogi o hyd fel addysgwyr. Bu'n rhaid disgyblu athro yn Hanover am iddo feirniadu ein gwersylloedd chwaraeon a'n cyrsiau hyfforddi cymunedol. Caiff swyddi arweinwyr yn y siambrau diwydiant a masnach eu llenwi'n bennaf gan bobl sy'n eu pellhau eu hunain oddi wrth unrhyw ymrwymiad i'r wladwriaeth. Yn wir, cylchoedd busnes sy'n bennaf cyfrifol am y rhan fwyaf o'r feirniadaeth o bolisïau'r wladwriaeth.

O adroddiad gwyliadwriaeth gan y Sicherheitsdienst (SD), asiantaeth cudd-wybodaeth yr SS (Mai 1938).

Ystyriwch werth y ffynhonnell i hanesydd sy'n gwneud dehongliad o'r mater hwn. Pa ysgol o feddwl fyddai'n gallu defnyddio'r ffynhonnell hon fel tystiolaeth ar gyfer dehongliad penodol?

Integreiddio eich ffynonellau

Ar y cam hwn ym mhroses eich asesiad di-arholiad, dylech fod wedi casglu 6–8 ffynhonnell gynradd i'w dadansoddi a'u gwerthuso am eu defnyddioldeb wrth helpu i ddatblygu'r gwahanol ysgolion o feddwl. Nawr bydd angen i chi ystyried sut gallwch integreiddio eich 6–8 ffynhonnell gynradd.

Cyngor

Cofiwch ystyried sut byddai hanesydd yn gallu defnyddio ffynonellau cynradd i'w helpu i ffurfio dehongliad o'r mater.

Tasg 15

Integreiddio

Dyma dair enghraifft o ymgais i integreiddio, wedi eu cymryd o atebion i'r asesiad di-arholiad. Trafodwch a yw pob un wedi integreiddio'r ymdriniaeth o'r ffynonellau cynradd i mewn i'r drafodaeth ar ddatblygiad y ddadl hanesyddol.

Enghraifft 1

'Cafodd y mynachlogydd eu diddymu yn bennaf oherwydd trachwant Harri VIII.' Pa mor ddilys yw'r asesiad hwn o'r rhesymau dros ddiddymu'r mynachlogydd yn y cyfnod rhwng 1536 ac 1539?

Mae pechod amlwg, byw'n ddieflig, yn gnawdol ac yn atgas yn digwydd bob dydd yn yr abatai, y priordai a'r tai crefyddol bychan eraill tebyg ar gyfer mynachod, canonau a lleianod, lle mae'r gynulleidfa o bobl grefyddol o'r fath yn llai na 12. Mae llywodraethwyr tai crefyddol o'r fath yn defnyddio a gwastraffu addurniadau eu heglwysi a'u nwyddau a'u meddiannau, gan beri anfodlonrwydd i'r Goruchaf Dduw, rhoi enw drwg i grefydd dda, ac achosi cywilydd mawr i Uchelder y Brenin a'r deyrnas. Ni ellir diwygio'r broblem hon oni bai bod tai bychan o'r fath yn cael eu hatal yn llwyr, a'r unigolion crefyddol ynddyn nhw yn cael eu hanfon i fynachlogydd mawr ac anrhydeddus lle gallan nhw gael eu gorfodi i fyw'n grefyddol a diwygio'u bywydau.

O'r Ddeddf ar gyfer Diddymu'r Mynachlogydd Llai (1536)

Arweiniodd y Ddeddf hon at gau mynachlogydd llai oedd yn werth llai na £200 y flwyddyn. Gellid dadlau y gallai gael ei ystyried yn gynllun gan Harri i fachu arian, ac y gwnaeth y brenin elw ariannol ohono yn y tymor byr – efallai er mwyn ariannu rhyfel posibl yn erbyn Ffrainc a'r pwerau Catholig eraill. Mae'r ffynhonnell yn awgrymu esboniad gwahanol, gan hawlio bod y mynachod a'r lleianod yn y tai crefyddol llai hyn yn llwgr, a darparu tystiolaeth ar gyfer y dehongliad bod Harri wedi diddymu'r mynachlogydd yn bennaf am resymau crefyddol.

Gan ei bod yn ddogfen swyddogol a dderbyniwyd gan y Senedd, byddai rhywun yn naturiol yn tybio bod y ffynhonnell yn ddibynadwy, gan fanylu ar union amodau'r mynachlogydd llai. Mae'n bosibl y gallai'r wybodaeth a ddarparwyd i'r Senedd (y sail ar gyfer pasio'r Ddeddf yn 1536) fod wedi cael ei golygu er mwyn gwneud i'r mynachlogydd ymddangos yn fwy aneffeithlon nag oedden nhw mewn gwirionedd.

Byddai'r ffynhonnell hon yn benodol yn hynod werthfawr i haneswyr sy'n dadlau mai diwygio crefyddol oedd unig gymhelliant Harri – pobl fel David Loades yn ei lyfr *Revolution in Religion: The English Reformation 1530–1570* a gyhoeddwyd yn 1992. Ar dudalen 23 mae'n nodi 'Their wealth, and relative ease and security of the monastic life, had undermined their rigour...', felly mae ei farn ar y pwnc yn ddigon clir. Yn aml mae haneswyr Protestannaidd yn fwy parod i dderbyn y safbwynt bod tai crefyddol yn dirywio. Haneswyr Catholig sy'n gwadu'r honiad hwnnw ac yn hytrach yn honni bod Harri'n ormesol yn ei ymgyrch am ffynonellau eraill o incwm, yn cynnwys arian y mynachlogydd. Ers yr Ail Ryfel Byd mae safbwynt crefyddol yr hanesydd wedi bod yn llai arwyddocaol, ac mae barn fwy cyffredinol bod Harri eisiau'r arian. Felly mae Loades yn enghraifft o hanesydd sydd heb gydymffurfio â'r consensws cyffredinol.

Enghraifft 2

'Llewod dan arweiniad asynnod.' Pa mor ddilys yw'r asesiad hwn o fyddin Prydain ar y Ffrynt Gorllewinol yn ystod y Rhyfel Byd Cyntaf?

> Nid ydym wedi symud ymlaen 3 milltir mewn llinell uniongyrchol ar unrhyw adeg. Dim ond ar ffrynt o 8,000 i 10,000 llath yr ydyn ni wedi treiddio i'r dyfnder hwnnw. Mae treiddio i mewn i ffrynt rhy gul yn beth eithaf diwerth os ein pwrpas yw torri'r llinell. O ran personél, mae canlyniadau'r ymgyrch wedi bod yn drychinebus; maen nhw wedi bod yn hollol aflwyddiannus ar y tir: o bob safbwynt, mae ymosodiad Prydain wedi bod yn fethiant mawr.

Winston Churchill, o femorandwm a ddosbarthwyd i'r cabinet (Awst 1916)

Yn yr asesiad gonest hwn o ran gyntaf Brwydr y Somme, mae Churchill yn beirniadu ymosodiad Prydain yn y rhyfel hyd yn hyn. Mae'n defnyddio gormodiaith i gyfleu ei bryder am hynt y frwydr. Efallai fod y safbwynt hwn wedi codi oherwydd digwyddiadau a ddangosodd ddiffyg ymwybyddiaeth lwyr o dactegau milwyr troed, a'r ffaith fod camgymeriadau a gostiodd fywydau wedi cael eu gwneud drosodd a throsodd. Mae ei dôn yn ddamniol yn ei gred nad oes unrhyw beth wedi'i gyflawni. Wrth ddatgan bod 'canlyniadau'r ymgyrch wedi bod yn drychinebus', mae'n dangos ei deimlad bod y methiant hwn wedi digwydd o ganlyniad i'r strategaeth. Mae ei feirniadaeth glir yn cyferbynnu'n uniongyrchol â'r gefnogaeth gyffredinol oedd i Haig ar y pryd.

Mae'r darn wedi'i gymryd o ddadansoddiad trylwyr o'r tir a enillwyd, y diffyg mantais strategol yn y diriogaeth a enillwyd, nifer yr arfau rhyfel a ddefnyddiwyd, nifer y rhai a anafwyd o Brydain, a nifer y dynion oedd yn ymladd. Felly mae ei gasgliad bod ymgyrch y Somme yn 'fethiant mawr' wedi ei seilio ar ddadansoddiad manwl o'r strategaeth. Cefnogodd ei honiadau gyda dadansoddiad manwl o ystadegau'r anafiadau, a oedd yn amlwg wedi'u darparu gan ffynonellau yn y Swyddfa Ryfel neu GHQ yn Ffrainc. Gwrthododd y Pwyllgor Rhyfel y papur heb ei drafod yn deg, gan ffafrio'r ystadegau a roddwyd gan y Cadfridog Robertson (Prif Swyddog y Staff Milwrol Ymerodrol). Gwnaeth Robertson honiad chwerthinllyd, sef bod yr Almaenwyr wedi colli 300,000 o ddynion ymhob wythnos o'r frwydr – gan awgrymu cyfanswm am y mis o dros filiwn o ddynion. Roedd hwnnw'n ffigur mwy niferus na maint holl fyddin yr Almaen yn y Somme.

Mae'n rhaid ymdrin â'r ffynhonnell hon gyda rhywfaint o ofal, gan fod Churchill wedi gofyn am reolaeth o'r fyddin yn 1915, a Haig wedi gwrthod hyn. Gallai'r ffynhonnell hon felly fod wedi'i hannog gan y gystadleuaeth bersonol rhwng Haig a Churchill. O ystyried bod Brwydr y Somme wedi parhau tan fis Tachwedd 1916, nid yw ei asesiad o'r ymosodiad yn un cyflawn, ac mae'n gyfyngedig yn hyn o beth. Felly byddai hanesydd sy'n astudio'r mater yn gorfod ystyried hyn. Mae'n ymddangos bod Churchill yn meddu ar hyblygrwydd a mewnwelediad strategol, gan olygu y gallai ragweld y gost o barhau â'r frwydr. Gallech ddadlau nad oedd gan y cadfridogion yr un sgiliau. Mae'r ffynhonnell felly yn rhoi safbwynt arall i'r gefnogaeth i Frwydr y Somme ar y pryd, ac yn cynnig sail i feirniadaeth ddiweddarach – ehangodd Churchill ei hun ar hyn yn ei asesiad hwyrach yn 1939.

Enghraifft 3

Mae haneswyr yn anghytuno dros y rhesymau pam bu'r mudiad Hawliau Sifil yn llwyddiant. I ba raddau rydych chi'n cytuno mai arweinyddiaeth Martin Luther King oedd y prif reswm dros lwyddiant y mudiad hawliau sifil?

> Pan ysgrifennodd penseiri ein gweriniaeth eiriau gwych y Cyfansoddiad a'r Datganiad Annibyniaeth... Mae'n freuddwyd sydd wedi'i gwreiddio'n ddwfn yn y freuddwyd Americanaidd. Mae gennyf freuddwyd y bydd y genedl hon un diwrnod yn codi, ac yn byw gwir ystyr ei chred – 'Credwn bod y gwirioneddau hyn yn amlwg: bod pob dyn yn cael ei greu yn gyfartal'. Mae gennyf freuddwyd y bydd meibion cyn-gaethweision, un dydd, ar fryniau coch Georgia... Mae gennyf freuddwyd, rhyw ddiwrnod yn Alabama gyda'i hilgwn ffyrnig... gadewch i ryddid atseinio o Fynydd y Garreg, Georgia.

Araith King 'Mae gennyf freuddwyd' ger Cofeb Lincoln (28 Awst 1963 yn Washington)

Mae'r ffynhonnell hon yn ddetholiad o araith a gyffyrddodd â bywydau Americaniaid du oedd yn mynd drwy amser heriol yn hanes America. Ond yn bwysicach, tynnodd y dosbarth canol gwyn Americanaidd i gylch ei gefnogwyr, rhywbeth a oedd yn hanfodol er mwyn symud y mudiad Hawliau Sifil yn ei flaen. Mae King yn siarad am 'y freuddwyd Americanaidd' ac yn defnyddio sentiment a gwladgarwch Americanaidd gan grybwyll y Cyfansoddiad a Datganiad Annibyniaeth America. Mae'n araith rymus, ac mae sôn amdani o hyd oherwydd ei defnydd o ymadroddion teimladwy i Americaniaid du – pethau fel crybwyll Mynydd y Garreg yn Georgia lle cafodd y Ku Klux Klan ei sefydlu, a lle dioddefodd Americaniaid Affricanaidd lawer o anghyfiawnder yn y cyfnod hwn.

Roedd yr araith yn arwyddocaol oherwydd y sylw enfawr a gafodd yn y cyfryngau, nid yn unig yn America ond ledled y byd. I lawer o haneswyr, dyma oedd y trobwynt i King a'r mudiad Hawliau Sifil oherwydd y sylw a ddaeth yn ei sgil i'r driniaeth anghyfiawn o Americaniaid du, a hynny'n deillio o wreiddiau llywodraeth America. Mae'r flwyddyn yn berthnasol ac yn ychwanegu dilysrwydd at y ffynhonnell, oherwydd yn ystod y ddwy flynedd ar ôl yr orymdaith yn Washington, pasiwyd y Ddeddf Hawliau Sifil a'r Ddeddf Hawliau Pleidleisio drwy'r Gyngres.

Defnyddio geiriau ac ymadroddion gwerthuso

Mae AA2 ac AA3 yn disgwyl i chi allu *gwerthuso*. Felly mae geiriau gwerthuso'n hanfodol wrth asesu pa mor werthfawr yw ffynhonnell gynradd wrth helpu i greu gwahanol ddehongliadau, a hefyd wrth farnu dilysrwydd y dehongliadau hynny. Efallai y byddwch wedi casglu cyfres o eiriau ac ymadroddion gwerthuso yn ystod eich cwrs i baratoi ar gyfer eich arholiadau. Bydd geiriau ac ymadroddion o'r fath hefyd yn ddefnyddiol pan fyddwch chi'n gwerthuso ffynonellau cynradd a dehongliadau gwahanol yn eich asesiad di-arholiad.

Gallai'r ymadroddion canlynol fod yn ddefnyddiol wrth werthuso eich deunydd.

Ffynonellau cynradd (AA2)

Mae barn Ffynhonnell A yn cael ei chefnogi gan...

Mae barn Ffynhonnell B yn cael ei herio gan...

Gallwn ddarlunio'r farn hon yn Ffynhonnell C drwy nodi bod...

Ychydig o dystiolaeth sydd ar gael i gefnogi'r farn yn Ffynhonnell D.

Dehongliadau gwahanol (AA3)

Mae'r dehongliad sy'n cael ei fynegi gan y grŵp hwn o haneswyr yn ddilys oherwydd...

Gallwn herio'r dehongliad sy'n cael ei fynegi gan X oherwydd...

Mae'n bosibl beirniadu'r dehongliad penodol hwn oherwydd...

Mae haneswyr fel X yn gosod gormod o arwyddocâd ar...

Nid oes tystiolaeth ddilys a dibynadwy i gefnogi'r dehongliad penodol hwn.

Cyngor

Cofiwch ddefnyddio geiriau ac ymadroddion gwerthusol wrth ystyried gwerth ffynonellau cynradd.

Crynodeb

Dyma restr wirio sylfaenol o'r math o gwestiynau y gallech eu defnyddio i ddadansoddi a gwerthuso'r deunydd ffynhonnell cynradd rydych chi wedi'i gasglu:

- Pa fath o ffynhonnell yw hon?
- Beth mae'r ffynhonnell yn ei ddweud am y mater?
- Pwy greodd y ffynhonnell?
- Beth rydyn ni'n ei wybod am yr awdur/crëwr?
- A allwn ni ymddiried yn yr awdur/crëwr?
- Pam cafodd y ffynhonnell ei chreu?
- Pwy oedd y gynulleidfa darged?
- Pryd cafodd y ffynhonnell ei chreu?
- Beth oedd yn digwydd ar adeg creu'r ffynhonnell?
- Oes modd cadarnhau'r ffynhonnell?
- Sut byddai hanesydd yn gallu defnyddio'r ffynhonnell hon i gefnogi dehongliad?

■O'r drafft i'r cynnyrch terfynol

Erbyn y cam hwn ym mhroses eich asesiad di-arholiad, dylech fod wedi gwneud y canlynol:

- Ysgrifennu cyflwyniad drafft – gan nodi ateb cryno o bosibl.
- Meithrin ymwybyddiaeth o'r ddadl hanesyddol o amgylch mater eich cwestiwn – gydag o leiaf dau ddehongliad neu ysgol wahanol o feddwl yn cael eu nodi.
- Casglu 6–8 ffynhonnell gynradd i'w dadansoddi a'u gwerthuso am eu defnyddioldeb wrth helpu i ddatblygu'r gwahanol ysgolion o feddwl.
- Llunio diagram neu siart sy'n amlinellu'r meysydd allweddol i'w trafod. Mae cyngor sy'n awgrymu sut i lunio siart o'r fath ar dudalen 20, er mwyn rhoi'r strwythur a'r amlinelliad sydd eu hangen arnoch cyn dechrau ysgrifennu eich traethawd. Bydd hwn yn hynod o werthfawr ac yn gymorth i chi wrth ysgrifennu eich ateb.

Tasg 16

Diweddaru eich cynllun

Nawr gallwch ddiweddaru eich siart cynllunio er mwyn iddo gyd-fynd â hynt eich ymholiad. Mae un awgrym isod.

Cyflwyniad	Yr ateb yn gryno
Crynodeb o ddatblygiad y ddadl hanesyddol	Ceisiwch osgoi naratif – gwnewch hwn yn grynodeb byr
Ystyried dilysrwydd Dehongliad 1	Gwerthuso arwyddocâd y dystiolaeth sydd ar gael
Ystyried dilysrwydd Dehongliad 2	Gwerthuso arwyddocâd y dystiolaeth sydd ar gael
Casgliad/barn	Gwnewch yn siŵr bod hwn yn dilyn yn rhesymegol o'r rhannau uchod

Ar ôl gwneud hyn, rydych chi nawr yn barod i ddechrau ysgrifennu eich gwaith. Cadwch y pwyntiau canlynol mewn cof. Mae'r rhan fwyaf ohonyn nhw wedi'u pwysleisio eisoes yn y canllaw.

- Cadwch eich ffocws ar y cwestiwn dan sylw ei hun. Cyfeiriwch yn ôl at y cwestiwn yn rheolaidd i sicrhau nad ydych chi'n colli'r ffocws hwn.
- Ceisiwch osgoi disgrifiadau a geiriau gwag – mae hyn yn dangos eich bod yn llithro ac yn colli ffocws.
- Gwnewch yn siŵr eich bod yn gwybod am o leiaf dau ddehongliad neu ysgol hanes wahanol.
- Gwnewch yn siŵr bod gennych amrywiaeth o 6–8 ffynhonnell gynradd.
- Wrth werthuso'r ffynonellau cynradd, gwnewch yn siŵr eich bod yn ystyried pa mor bwysig ydyn nhw fel rhan o'r dystiolaeth dros greu dehongliad.
- Dylai eich casgliad neu'ch barn ddilyn yr hyn rydych chi wedi'i ddweud yn eich cyflwyniad ac ym mhrif gorff eich ateb.

Cyngor

Y mwyaf o ymchwil a darllen y byddwch wedi'i wneud o gwmpas y materion yn eich cwestiwn, y symlaf fydd y gwaith ysgrifennu.

Arddull eich traethawd

Fel mae'r cyngor ar dudalen 9 yn ei awgrymu, dylech gyflwyno eich asesiad di-arholiad fel un traethawd cyflawn sy'n integreiddio'r nodweddion disgwyliedig yn y tri amcan asesu (AA) mewn modd cyson a soffistigedig. Ond mae rhai myfyrwyr yn dal i gynhyrchu traethodau sy'n gwahanu eu gwaith yn adrannau, gan ddelio â phob AA yn unigol. Fel arfer bydd hynny'n golygu rhywbeth tebyg i hyn:

- Rhan 1 — cyflwyniad (AA1)
- Rhan 2 — gwerthuso 6–8 ffynhonnell (AA2)
- Rhan 3 — disgrifiad o'r hyn mae haneswyr gwahanol wedi'i ysgrifennu ar y pwnc (AA3)
- Rhan 4 — casgliad (AA1)

Bydd myfyrwyr weithiau'n defnyddio is-benawdau i gyflwyno'r gwahanol adrannau hyn. *Ceisiwch osgoi gwneud hyn.* Mae'n hanfodol nodi bod aseswyr – sef eich athro yn ogystal â chymedrolwyr CBAC – wedi cael cyngor i roi mwy o farciau i draethodau sy'n integreiddio gofynion y tri amcan asesu nag i draethodau sy'n cael eu hysgrifennu mewn adrannau. Mae ateb integredig yn dangos cyswllt rhwng rhannau gwahanol yr ateb. Mae hyn yn golygu bod angen gwerthuso deunydd ffynhonnell cynradd, a chysylltu hynny â'r broses o ffurfio amrywiol ddehongliadau.

Tasg 17

Cysylltu gwerthuso ffynonellau â dehongliadau

A allwch chi weld sut mae hyn yn cael ei wneud yn y paragraff isod?

Yn yr 1960au datblygodd amrywiol ddehongliadau ffres am y rhesymau dros ddechreuad y chwyldro Bolsiefigaidd, ac mae'n bosibl ystyried eu bod yn adolygiadol eu naws. Mae un o'r dehongliadau yn dadlau bod llwyddiant y chwyldro yn ymwneud llai ag arweinyddiaeth Lenin a mwy ag ansefydlogrwydd sylfaenol y llywodraeth, a hynny yn ei dro yn annog twf syniadau chwyldroadol. Mae modd seilio'r dehongliad penodol hwn ar amrywiaeth eang o dystiolaeth gynradd, fel yr apêl a wnaeth y Cadfridog Kerensky ym mis Awst 1917.

Mae ateb integredig hefyd yn golygu bod angen cysylltu'r gwaith gwerthuso ffynonellau cynradd â datblygiad y ddadl hanesyddol.

Tasg 18

Cysylltu gwerthuso ffynonellau â datblygiad y ddadl hanesyddol

A allwch chi weld sut mae hyn yn cael ei wneud yn y paragraff isod?

Yn amlwg, mae craffu'n ofalus ar y ffynhonnell hon yn dangos ei bod yn dystiolaeth gynradd hanfodol gan gadfridog nodedig sy'n ysgrifennu yn ystod y gwrthdaro. Byddai haneswyr oedd yn ysgrifennu'n union ar ôl y rhyfel yn gallu defnyddio'r ffynhonnell hon a deunydd tebyg arall er mwyn datblygu a chefnogi eu dehongliad bod ymddygiad cadfridogion Prydain yn ysbrydoledig a doeth. Ymhlith enghreifftiau o'r grŵp cynnar hwn o haneswyr mae J. H. Boraston a G. A. B. Dewar wrth ysgrifennu yn 1919 yn eu llyfr *Sir Douglas Haig's Dispatches*. Roedd yr haneswyr yn gallu defnyddio ffynonellau fel y rhain i ddarlunio arweinyddiaeth gref Haig, ac roedd hynny'n cefnogi canfyddiad y cyhoedd ohono ac o gadfridogion eraill fel arwyr y rhyfel. Ni fyddai haneswyr yn y cyfnod yn union ar ôl y rhyfel wedi gwneud y dehongliad bod llewod yn cael eu harwain gan asynnod. Byddai hyn i raddau helaeth o ganlyniad i'r ewfforia ar ôl y rhyfel, a'r safbwyntiau gwladgarol oedd yn amlwg yn y cyfnod hwn.

Dod i gasgliad

Mae angen i'r rhan hon ddod ar ddiwedd eich ateb. Ni ddylai hynny fod yn syndod, gan mai crynodeb o'ch dadleuon a'ch safbwyntiau wrth ddatblygu'r ateb fydd y casgliad hwn.

Mae gofyn i chi ymateb i gwestiwn, felly y casgliad yw'ch barn derfynol ar y cwestiwn hwnnw.

Er enghraifft, nid eich cwestiwn fydd 'Beth oedd achosion y Chwyldro Ffrengig yn 1789?', ond yn hytrach 'Problemau ariannol oedd prif achos y Chwyldro Ffrengig yn 1789'. Pa mor ddilys yw'r farn hon am achosion y Chwyldro Ffrengig?

Mae'r marc cwestiwn ar ddiwedd y cwestiwn yn gwahodd ateb – sef dod i farn yn y casgliad. Os byddwch wedi ffurfio unrhyw farn yn ystod y broses, ynghylch dilysrwydd gwahanol ddehongliadau wrth ddrafftio eich nodiadau ac ysgrifennu eich traethawd, dylai'r safbwyntiau hyn arwain at farn gyffredinol ar sail y defnydd beirniadol rydych chi wedi'i wneud o'r dystiolaeth.

Yn y cwestiwn enghreifftiol uchod, byddai angen i chi lunio barn yn gyson drwy gydol eich ateb am bwysigrwydd cymharol achosion amrywiol y Chwyldro Ffrengig, a sut mae hyn wedi'i adlewyrchu gan wahanol haneswyr. Yna bydd y casgliad yn gadael i chi ddod â phob barn wahanol at ei gilydd i gael ateb cyffredinol i'r cwestiwn dan sylw.

Cyngor

Dylech osgoi cyflwyno eich asesiad di-arholiad mewn adrannau ar wahân: bydd yr atebion sy'n ennill y marciau uchaf yn ymdrin â'r ymholiad mewn modd cyfannol ac integredig.

Tasg 19

Dod i gasgliad a chwblhau eich ateb

Dyma dair enghraifft o gasgliadau i gwestiynau asesiad di-arholiad. Pa mor effeithiol yw'r rhain, yn eich barn chi? Chwiliwch am y canlynol:

- cyfeiriad at yr union gwestiwn a osodwyd – a allwch chi ddweud beth oedd y cwestiwn o ddarllen y casgliad?
- llithro i fod yn ddisgrifiad
- cyfeirio at o leiaf ddau ddehongliad neu ysgol hanes
- cyfeirio at y dystiolaeth sy'n sail ar gyfer creu dehongliad
- ateb i'r cwestiwn a osodwyd

Casgliad 1

'Y Senedd yn hytrach na'r brenin oedd y mwyaf cyfrifol am ddechreuad y Rhyfel Cartref.' Pa mor ddilys yw'r asesiad hwn o ddechreuad y Rhyfel Cartref erbyn 1642?

I gloi, y dehongliad adolygiadol yw'r mwyaf dilys, gan ei fod yn datgan bod y Rhyfel Cartref wedi'i achosi gan anallu'r Brenin i reoli tair teyrnas wahanol yn effeithiol – yn enwedig pan oedd y Senedd wedi'i rhannu, ac yn anfodlon ei helpu na'i gefnogi. Felly, y Brenin a'r Senedd oedd yn gyfrifol am ddechreuad y rhyfel oherwydd eu hanallu i gydweithio a gweithio mewn perthynas symbiotig. Mae'r dehongliadau Chwigaidd a Marcsaidd diweddarach yn dibynnu ar esboniadau strwythurol sy'n credu bod y Rhyfel Cartref yn anochel, ei fod wedi cael ei ddwysáu gan frenin gormesol, a bod angen herio a dosbarthu grym y brenin. Ond wrth graffu ar y dystiolaeth sydd ar gael o'r cyfnod – gyda'r rhan fwyaf yn dangos tuedd dros y naill ochr neu'r llall – mae modd awgrymu mai'r dehongliad mwyaf dilys yw bod Charles yn frenin ac yn wleidydd gwael. Doedd ganddo ddim o graffter gwleidyddol na hyblygrwydd ei dad, er bod ganddo fwriadau da i foderneiddio ac uno'r eglwys a'r wladwriaeth ar draws Ynysoedd Prydain, ond bod y rheini wedi'u cynllunio a'u gweithredu'n wael. Gwaethygwyd y gwendidau strwythurol yn yr economi a'r Eglwys gan ddiplomyddiaeth wael Charles, a hefyd gan ddiffyg parodrwydd y Senedd i geisio gwella neu drwsio'r gwendidau hynny. Felly anallu'r Goron a'r Senedd i gydweithio oedd wedi arwain at ddechreuad y Rhyfel Cartref a dymchwel yr hen system frenhinol.

Casgliad 2

I ba raddau rydych chi'n cytuno bod UDA wedi methu yn Rhyfel Viet Nam yn bennaf oherwydd bod y llywodraeth wedi colli ymddiriedaeth pobl America?

I gloi, mae'r dehongliad bod UDA yn aflwyddiannus yn Rhyfel Viet Nam yn bennaf oherwydd bod y llywodraeth wedi colli ymddiriedaeth pobl America yn ddehongliad dymunol i ryw raddau, oherwydd er bod pobl wedi colli ymddiriedaeth yn y llywodraeth, ni rwystrodd hyn lywodraeth UDA rhag parhau â'r rhyfel. Fel sydd i'w weld yn y ffynonellau a ddefnyddiwyd, mae'n glir mai dehongliad Summers yw'r mwyaf dilys oherwydd ei resymu soffistigedig ynghylch pam y collodd UDA y rhyfel gyda Viet Nam. Ni wnaeth arweinwyr gwleidyddol America gyflwyno asesiad gwleidyddol-filwrol digonol. Cefnogir hyn gan ddehongliad Kolka, sy'n pwysleisio'r tactegau aneffeithiol a ddefnyddiwyd i ymladd yn erbyn y Vietcong, gan ddangos eu cryfder nhw. Mae hyn yn cyfrannu at benderfynu mai dehongliad Summers o'r rheswm pam y collodd UDA y rhyfel yw'r mwyaf dilys, gan anghytuno â'r dehongliad yn y cwestiwn.

Casgliad 3

Ydych chi'n cytuno â'r farn mai Peel oedd yr arweinydd gwleidyddol mwyaf effeithiol yn y cyfnod o 1834 hyd 1880?

I gloi, roedd Peel yn arweinydd effeithiol ar blaid wleidyddol hyd nes iddo ddod yn brif weinidog, oherwydd ei flaenoriaeth wedyn oedd y wladwriaeth yn hytrach na'i blaid. Ddechrau'r 1830au roedd y Blaid Dorïaidd wedi dymchwel, yn rhannol yn sgil Rhyddfreinio'r Catholigion ac yn rhannol oherwydd agwedd y blaid at ddiwygiadau seneddol. Ond dan arweiniad Peel, roedd y Blaid Dorïaidd wedi gallu ei hadfer ei hun yn naturiol. Ym mis Awst 1841 enillodd y blaid, dan enw newydd y 'Blaid Geidwadol', fwyafrif etholiadol sylweddol yn yr etholiad cyffredinol, gan ddyrchafu Peel yn brif weinidog rhwng 1841 ac 1846. Hyd at y pwynt hwn, dywedwyd mai Peel oedd un o'r arweinwyr gwleidyddol mwyaf effeithiol ers degawdau. Ond yn ystod y blynyddoedd hyn, wynebodd Peel sawl problem yn cynnwys caledi economaidd, amodau gwaith echrydus, beirniadaeth o du Iwerddon a phwysau i ddiddymu'r Deddfau Ŷd. Dywedai rhai haneswyr fod Peel yn arweinydd galluog ond nad oedd yn gallu addasu i'r byd ar ôl 1832. Fel arweinydd, roedd Disraeli yn rhagorol ac mae ei syniadau wedi profi'n oesol gan eu bod yn parhau'n ddefnyddiol, yn gymwys ac yn hygyrch dros ganrif yn ddiweddarach. Roedd Gladstone ar y llaw arall yn gymeriad ei oes ei hun. Roedd yn aml yn gywir, ond nid yw ei syniadau am fasnach rydd a Hunanlywodraeth Iwerddon yn cydweddu'n dda â sefyllfaoedd gwleidyddol ac economaidd modern. Y gred oedd mai Peel a osododd y sylfeini ar gyfer arweinwyr dilynol y cyfnod hwn. Heb sylfaenydd Ceidwadaeth fodern, a arweiniodd Brydain at sefydlogrwydd a llewyrch, ni fyddai'r arweinwyr a'i dilynodd wedi bod mor effeithiol nac mor llwyddiannus.

Cyflwyno eich asesiad di-arholiad

Cofiwch mai traethawd estynedig yw'r asesiad hwn ac felly bod angen rhyddiaith ddi-dor. Bydd angen iddo lifo fel darn o ysgrifennu, ac os yw'n bosibl bydd angen osgoi defnyddio pwyntiau bwled ac is-benawdau.

Nid oes marciau penodol ar gael ar gyfer ansawdd eich Cymraeg, ond gan fod gennych gyfle i ddefnyddio gwirydd sillafu, manteisiwch arno a gwiriwch am gamsillafu a gwallau teipio. Yn aml caiff hyn ei alw'n brawf ddarllen. Byddwch yn feirniadol o'ch arddull ysgrifennu eich hun, edrychwch am wallau gramadeg a sillafu, a gwnewch yn siŵr bod yr *holl* wybodaeth ymchwil rydych chi'n ei defnyddio yn cael ei chyfeirnodi'n gywir.

Lluniwch eich asesiad di-arholiad mewn ffont clir a darllenadwy, fel Arial 12, a rhifo pob tudalen. Rhowch eich enw a'ch rhif arholiad ar bob tudalen mewn pennyn.

Nifer geiriau

Mae CBAC yn argymell y dylai traethodau'r asesiad di-arholiad fod rhwng 3,000 a 4,000 o eiriau. Mae'r terfyn geiriau hwn er eich budd chi. Os ydych chi'n ysgrifennu llai na'r canllaw hwn, go brin y byddwch yn ymdrin â'r pwnc yn ddigon manwl. Os ysgrifennwch fwy – ac yn aml mae hynny'n demtasiwn – mae hyn fel arfer yn dangos tueddiad i ddisgrifio datblygiadau neu ddigwyddiadau'n fanwl, neu ailadrodd pwyntiau, yn lle canolbwyntio ar ddadansoddi a beirniadu. Mae modd dangos y sgiliau angenrheidiol yn effeithiol o fewn y terfyn geiriau.

Gan fod atebion rhy hir yn ddisgrifiadol ac yn ailadroddus, dywed y canllaw marcio bod rhaid rhoi marciau Band 5 i'r rhain, gan na fydden nhw'n bodloni meini prawf Band 6, sy'n gwobrwyo traethodau sy'n 'ddealladwy, yn glir, yn gryno ac wedi'u llunio'n dda'. Os ewch dros y terfyn geiriau, bydd yn costio marciau.

Cyfeirio

Mae CBAC yn eich cynghori i gynnwys ffynonellau a detholiadau yn uniongyrchol yn eich ateb, yn lle atodiad. Felly mae cyfeirio yn hanfodol, wrth ddefnyddio ffynonellau a detholiadau, er mwyn gwneud y canlynol:

- cydnabod gwaith awduron eraill
- dangos tarddiad eich ffynonellau'n rhwydd
- gwahaniaethu rhwng eich syniadau chi a'r rhai rydych wedi'u darganfod
- cydnabod ble cawsoch chi eich gwybodaeth, gan osgoi ceisio hawlio mai eich syniadau a'ch safbwyntiau chi yw'r rhai rydych chi wedi'u cymryd gan bobl eraill

Nid yw CBAC yn dweud bod rhaid dilyn un dull penodol o gyfeirio, ond y ddau fwyaf cyffredin yw'r arddull 'awdur-dyddiad' a'r arddull 'troednodiadau'. Mae'r ddau'n gadael i chi osod dyfyniadau a chyfeirio at eich ffynonellau.

Arddull awdur-dyddiad

Mae CBAC yn argymell yn gryf eich bod yn gosod eich ffynonellau cynradd, ac unrhyw ddetholiadau priodol, i mewn i'r traethawd ei hun. Mae'n haws eu darllen fel hyn ac mae modd cyfeirio atyn nhw'n rhwydd gan ddefnyddio'r dull awdur-dyddiad. Yn y dull hwn caiff y cyfeiriadau eu gosod yn y traethawd ei hun, ac nid mewn troednodiadau. Defnyddiwch gromfachau i wneud hyn, gan gynnwys gwybodaeth am

---

Cyngor

Mae eich casgliad yn gadael i chi ddod â phob barn wahanol at ei gilydd i gael ateb cyffredinol i'r cwestiwn.

Cyngor

Byddwch yn drylwyr wrth brawf ddarllen. Ydy eich gwaith yn rhydd o wallau teipio a gramadeg? Ydy eich gwaith yn darllen yn dda ac yn gwneud synnwyr?

Cyngor

Gwnewch i'ch geiriau gyfrif: peidiwch â cholli ffocws a llithro oddi wrth y cwestiwn a osodwyd. Dydy nifer uwch o eiriau ddim yn golygu bod yr ateb yn un gwell.

yr awdur neu grëwr y ffynhonnell neu'r detholiad, a'r dyddiad cyhoeddi. Yn achos y dull hwn, nid yw cynnwys gwybodaeth ychwanegol yn arfer mor gyffredin ag yn achos troednodiadau. Dyma ddwy enghraifft:

[Poster propaganda Natsïaidd yn annog pobl i ddefnyddio'r radio (1937)]

[Leon Trotsky, mewn araith yn ystod sesiwn frys o Sofiet Petrograd (24 Hydref 1917)]

Troednodiadau

Math cyffredin arall o gyfeirnodi yw arddull troednodiadau. Bydd troednodiadau i'w gweld yn aml wrth gyfeirio'n fwy cryno at ffynonellau neu ddetholiadau, neu wrth gyfeirio at hanesydd penodol. Yn achos y dull hwn, bydd unrhyw wybodaeth gyfeiriadol yn cael ei rhoi yn y troednodiadau ar waelod pob tudalen, yn hytrach nag yng nghorff y testun. Bydd angen rhifo troednodiadau mewn un gyfres drwy gydol eich adroddiad. Wrth osod troednodyn, ychwanegwch rif yn y testun, a chreu troednodyn cyfatebol ar waelod y dudalen.

Dyma enghraifft:

Mae'r gwatwar comig hwn o arweinyddiaeth y rhyfel yn rhoi cryfder i ddehongliad Clark bod y cadfridogion yn 'gwbl anghymwys'[1] gan ei fod yn amlygu'r diffyg cyswllt rhwng y cadfridogion a'r llinell flaen. Er hynny, roedd teimladau gwrth-sefydliadol y cyfnod – ynghyd â'r ffaith fod gan haneswyr traddodiadol gyswllt emosiynol â'r rhyfel – yn gwanhau eu dadl, gan ymddangos eu bod yn dymuno beio rhywun am y nifer uchel o anafiadau ar y Ffrynt Gorllewinol: yn yr achos hwn, y cadfridogion.

[1]O *The Donkeys* gan Alan Clark, a gyhoeddwyd yn 1961.

Bydd defnydd priodol o droednodiadau yn help i nodi tarddiad y ffynonellau neu'r detholiadau. Ond byddwch yn ofalus nad ydych chi'n defnyddio troednodiadau i ychwanegu rhagor o wybodaeth. Os yw'r wybodaeth yn bwysig, dylai fod yn y traethawd ei hun. Os yw'r troednodiadau'n cynnwys gwybodaeth ychwanegol o'r fath, bydd angen eu cyfrif o fewn nifer y geiriau.

Byddwch yn ofalus am ddefnyddio honiadau heb gyfeirio at eu ffynhonnell, gan nad yw'r rhain yn dderbyniol yn yr asesiad di-arholiad. Mae'n werth defnyddio ymadroddion fel 'Mae'n ymddangos yn rhesymol i awgrymu bod...' neu 'Un esboniad posibl yw...', gan wneud yn siŵr bob amser eich bod yn cyfeirio mewn modd priodol at haneswyr neu gyfoeswyr a allai fod wedi cynnig yr awgrymiadau neu'r esboniadau hyn. Ceisiwch osgoi cyffredinoli a gwneud datganiadau ysgubol fel 'Y gred eang yw bod...' neu 'Mae haneswyr yr Almaen yn dadlau bod...', heb gyfeirio'n uniongyrchol at rywbeth i gefnogi'r honiadau hyn.

Defnyddio llyfryddiaeth

Ar ddiwedd eich asesiad di-arholiad, rhaid i chi gynnwys llyfryddiaeth. Byddwch wedi defnyddio system gyfeirio fel y rhai uchod i nodi ffynonellau cynradd a detholiadau. Bydd angen cynnwys y rhain mewn llyfryddiaeth hefyd, sy'n nodi unrhyw ddeunydd rydych chi wedi cymryd gwybodaeth ohono. Mewn llyfryddiaeth nodweddiadol, dylech gynnwys unrhyw lyfrau, erthyglau neu wefannau rydych chi wedi'u defnyddio wrth ymchwilio.

Gwnewch yn siŵr bod eich llyfryddiaeth yn cynnwys enw'r llyfr neu'r erthygl, yr awdur a'r dyddiad cyhoeddi.

Cyngor

Gwnewch yn siŵr eich bod yn cynnwys y ffynonellau a'r detholiadau rydych chi'n eu defnyddio yng nghorff y testun. Mae hyn yn gliriach na'u cynnwys mewn atodiad.

Cyngor

Mae'n syniad da creu llyfryddiaeth wrth fynd gan ei bod yn gofnod o'r holl ddeunydd rydych chi wedi'i ddarllen er mwyn cwblhau eich asesiad. Gall hyn ddangos hefyd a ydych chi wedi ymgynghori ag amrywiaeth o ddeunyddiau gwahanol yn eich ymchwil, neu a ydych chi wedi dibynnu'n ormodol ar un math o ddeunydd, fel gwefannau.

Crynodeb

- Dylech ysgrifennu eich traethawd ar brosesydd geiriau.
- Dylech ei gwblhau mewn 3,000–4,000 o'ch geiriau chi eich hun (ac eithrio ffynonellau cynradd a detholiadau).
- Rhaid cynnwys cyfeiriadau clir at y ffynonellau a'r detholiadau, a'u gosod yn y man priodol yn y traethawd wrth ymateb.
- Dylai fod rhif ar bob tudalen o'ch ymateb mewn pennyn sy'n cynnwys rhif eich canolfan a'ch enw a'ch rhif chi.
- Rhaid cofnodi nifer y geiriau.
- Rhaid cynnwys cyfeirnodau/troednodiadau a llyfryddiaeth.

■ Adolygu eich gwaith – ffurfiol a phenodol

Unwaith y bydd eich asesiad di-arholiad ar waith, gall eich athro adolygu cynnydd y gwaith a chynnig cyngor i chi, ar lafar ac yn ysgrifenedig, ar elfennau o'ch gwaith ar lefel gyffredinol. Gall hyn ddigwydd yn ystod gwersi neu mewn sesiynau llai ffurfiol. Ar ôl derbyn cyngor o'r fath ar lefel gyffredinol, gallwch ddiwygio ac ailddrafftio elfennau o'ch gwaith. Dylech ddisgwyl y bydd angen llunio sawl fersiwn o'r asesiad cyn i chi deimlo'n gymharol hyderus amdano ar ei ffurf drafft.

Unwaith y byddwch wedi cwblhau'r drafft o'ch asesiad, cewch gyfle i'w drafod gyda'ch athro ar sail fwy ffurfiol. Mae CBAC yn galw'r broses hon yn *Adolygiad Ffurfiol*.

Yn yr Adolygiad Ffurfiol, mae disgwyl i'ch athro adolygu drafft cyflawn eich gwaith ar yr asesiad gyda chi, gan gyfeirio'n benodol at feini prawf yr amcanion asesu yng nghynllun marcio'r asesiad. Bydd hyn yn eich galluogi chi i adfyfyrio a mynd ati i ddiwygio'r gwaith eich hun. Mae'n well cynnal yr adolygiad hwn ar ôl cwblhau drafft cyntaf cyflawn o'ch gwaith.

Yn dilyn yr Adolygiad Ffurfiol, byddwch chi – nid eich athro – yn llenwi ffurflen, gan gofnodi pa gyngor a gawsoch. Rhaid cynnwys y ffurflen hon gyda'ch gwaith ar yr asesiad di-arholiad wrth ei gyflwyno i'w asesu.

Dylai'r drafodaeth ar eich gwaith drafft cyflawn yn ystod sesiwn Adolygu Ffurfiol fod ar lefel gyffredinol – heb geisio cywiro gwallau, nodi pethau sydd ar goll neu unrhyw gamddealltwriaeth, na gwella eich gramadeg na'ch sgiliau cyflwyno.

Mae ffurflen yr Adolygiad Ffurfiol ar gael ar wefan CBAC. Dyma gopi o ran o ffurflen Adolygiad Ffurfiol gyda chofnod o'r cyngor a roddwyd, wedi'i chwblhau gan ddysgwr.

Asesiad	Pwyntiau a nodwyd gan y DYSGWR ar ôl eu trafod yn yr Adolygiad Ffurfiol mewn perthynas â'r meini prawf asesu
AA1	*Cefais wybod bod fy nrafft yn dangos dealltwriaeth glir o'r mater allweddol sydd yn fy nghwestiwn. Roedd y casgliad yn cynnig barn oedd yn cefnogi'r dadleuon a ddefnyddiais yn yr ateb.* *Cefais gyngor bod angen mwy o ffocws yn fy nghyflwyniad ar yr ymholiad penodol, a bod angen rhoi sylw i'r elfen hon yn y traethawd terfynol.*
AA2	*Er bod fy nadansoddiad a gwerthusiad o'r ffynonellau a ddewiswyd yn gyffredinol dda, cefais gyngor i wneud y canlynol:* *– cyflwyno amrywiaeth ehangach o ffynonellau cynradd* *– ymchwilio'r cyd-destun hanesyddol yn fwy clir* *– cysylltu'r gwerthusiad o'r ffynonellau cynradd yn fwy amlwg â'r broses o ffurfio gwahanol ysgolion o feddwl*
AA3	*Roedd fy athro yn siomedig yma, gan nad oedd llawer o dystiolaeth fy mod i wedi gwneud mwy na chrynhoi safbwyntiau haneswyr ar hawliau sifil.* *Cefais gyngor i ddefnyddio'r ffynonellau cynradd roeddwn i wedi'u dewis i ddangos sut mae haneswyr gwahanol yn defnyddio tystiolaeth i gefnogi eu dehongliadau.*
Llofnodwyd (Staff)	
Llofnodwyd (Dysgwr)	

Fel arfer, mae un Adolygiad Ffurfiol yn ddigon i'ch galluogi i ddeall a thrafod gofynion yr asesiad yn well, ond os oes angen Adolygiad Ffurfiol arall, yna mae'n bosibl cwblhau adolygiad a ffurflen arall.

Mae'n bwysig deall y gwahaniaeth rhwng 'cyngor cyffredinol' a 'chyngor penodol'. Os bydd 'cyngor cyffredinol' yn cael ei roi i chi (sef cyngor yn cyfeirio at ddangos y meini prawf ar gyfer pob AA yn y cynllun marcio) yna nid oes angen ei gofnodi'n rheolaidd, dim ond yn yr Adolygiad Ffurfiol. Ond mae'n bosibl y bydd cyngor mwy penodol yn cael ei gynnig o dro i dro i rai myfyrwyr. Mae unrhyw gyngor sy'n gwneud mwy na'ch cyfeirio chi at y meini prawf yn y cynllun marcio yn cael ei ystyried yn 'gyngor penodol'.

Caiff cyngor penodol ei ddiffinio fel unrhyw gyngor sy'n annog neu'n cynghori'r myfyrwyr i ddiwygio, newid neu wella unrhyw elfen o'u hymateb. Dyma rai enghreifftiau:

- Ar ôl adolygu eich gwaith, rydych chi'n derbyn cyngor ac awgrymiadau ar sut gallech newid y gwaith i fodloni'r meini prawf asesu.
- Caiff eich sylw ei dynnu at wallau neu rywbeth a gollwyd, sy'n golygu nad oes unrhyw gyfle i chi feddwl drosoch eich hun.
- Rydych chi'n cael fframiau ysgrifennu sy'n benodol i'r dasg ddi-arholiad (e.e. amlinelliadau, penawdau paragraffau neu benawdau isadrannau).
- Cewch eich cyfeirio i ddefnyddio ffynonellau a detholiadau penodol er mwyn newid eich gwaith ar ddatblygiad y ddadl hanesyddol.

Os caiff unrhyw gyngor a gewch ei ddiffinio fel 'cyngor penodol', yna *rhaid* ei gofnodi ar y ffurflen Cyngor Penodol a'i ystyried yn y marc terfynol sy'n cael ei ddyfarnu i'r traethawd. Ni fydd eich athro'n rhoi marciau Band 6 i unrhyw ymgeisydd sydd wedi derbyn cyngor penodol i ddiwygio, newid neu wella unrhyw agwedd ar eu hymateb wrth gwblhau'r traethawd.

Cyngor

Chi sy'n cwblhau ffurflen yr Adolygiad Ffurfiol. Mae'n dangos yr adborth cyffredinol a gawsoch chi gan eich athro ar eich gwaith drafft.

Cyngor

Os ydych chi'n cael anhawster gyda rhai o ofynion yr asesiad di-arholiad, yna gall derbyn cyngor penodol fod o gymorth.

Mae'r ffurflen Cyngor Penodol ar gael ar wefan CBAC. Dyma gopi o ran o ffurflen Cyngor Penodol gyda chofnod o'r cyngor a roddwyd, wedi'i chwblhau gan ddysgwr.

Nodwch isod unrhyw gyngor penodol a roddwyd mewn perthynas â phob un o'r Amcanion Asesu, neu unrhyw gyngor pellach mewn perthynas â'r asesiad di-arholiad. Mae gwybodaeth bellach am natur y cyngor sy'n gallu cael ei roi i'w weld yn y Canllawiau i Athrawon ar gyfer Uned 5 ac yn nogfen y CGC – Cyfarwyddiadau ar gynnal gwaith cwrs.

Asesiad	Pwyntiau a nodwyd gan y DYSGWR ar ôl eu trafod mewn cyfarfodydd lle cafodd cyngor penodol ei roi
AA1	*Nid oedd fy athro'n fodlon â strwythur fy ngwaith. Roedd yn anhrefnus ac yn anodd ei ddilyn. Cefais gyngor ar sut i strwythuro fy ngwaith yn defnyddio model ysgrifennu sylfaenol.*
AA2	*Roedd gen i amrywiaeth o ffynonellau cynradd ac roeddwn i wedi ceisio eu gwerthuso o ran eu cymorth i haneswyr. Ond roedd angen amrediad ehangach. Cyfeiriodd fy athro fi at ddau gasgliad o ffynonellau fyddai'n gadael i mi ddewis amrediad ehangach.*
AA3	*Roedd fy athro yn eithaf hapus gyda fy nealltwriaeth o'r ddadl hanesyddol ynghylch y mynachlogydd. Gyda gwell cysylltiadau, dylwn gael marc da ar gyfer AA3.*
Unrhyw gyngor arall	*Cefais bythefnos i gyflwyno drafft arall i weld a oeddwn i wedi gweithredu ar y cyngor penodol a gefais.*
Llofnodwyd (Staff)	
Llofnodwyd (Dysgwr)	

Log y dysgwr

Mae'n syniad da cadw log dysgwr wrth i chi wneud eich gwaith ar yr asesiad di-arholiad. Nid oes rhaid i chi ddefnyddio log o'r fath, ac ni fydd y log yn ennill unrhyw farciau, ond bydd yn ddefnyddiol iawn mewn nifer o ffyrdd:

- Eich helpu i gadw cofnod o'ch cynnydd a'ch ffynonellau. Bydd angen i chi gyfeirio at y deunyddiau rydych chi wedi'u defnyddio, a gall log y dysgwr helpu i'w cofnodi.
- Eich helpu i gofnodi – efallai y cewch chi syniad gwych neu feddwl am rywbeth pwysig, ond yna anghofio amdano am na wnaethoch chi nodyn ohono. Gall defnyddio log y dysgwr helpu os yw hyn yn digwydd.
- Helpu eich athro i weld eich cynnydd.
- Darparu tystiolaeth mai eich gwaith chi eich hun yw'r asesiad di-arholiad.

Mae enghraifft o log wedi'i gwblhau isod.

Mae gofyn i ymgeiswyr sy'n ymgymryd â'r asesiad di-arholiad gadw cofnod manwl o'u hymchwil, eu cynllunio a'r adnoddau yr ymgynghorwyd â nhw. Y diffiniad o 'adnoddau' yw llyfrau, gwefannau a/neu adnoddau clyweledol. Yn ogystal, os ydych chi'n defnyddio'r adnoddau hyn, rhaid cyfeirio atyn nhw. Efallai y bydd angen y cofnod hwn ar CBAC, ond nid oes rhaid iddo gael ei gyflwyno gyda'r asesiad di-arholiad. Y cyngor i ymgeiswyr yw cadw'r cofnod hwn yn ddiogel tan ar ôl diwedd y gyfres arholiadau, yn ogystal ag unrhyw 'nodiadau bras a deunyddiau fel tystiolaeth o waith a wnaed yn annibynnol', fel sy'n ofynnol yn rheoliadau'r asesiad di-arholiad. **Defnyddiwch y rhestr wirio isod i ddangos sut rydych chi wedi bodloni gofynion y meini prawf.**

Cyngor

Nid yw log y dysgwr yn orfodol, ond gall fod yn offeryn defnyddiol i gadw golwg ar eich cynnydd wrth weithio ar eich asesiad di-arholiad.

Cynnwys y log	Ydy	Nac ydy
Mae'r log hwn yn cynnwys disgrifiad byr o'r gwaith cynllunio ar gyfer yr asesiad di-arholiad	✓	
Mae'r log hwn yn cynnwys disgrifiad byr o'r gwaith ymchwil a wnaed	✓	
Mae'r log hwn yn cynnwys disgrifiad byr o'r adnoddau yr ymgynghorwyd â nhw	✓	
Manylion cyfeirio: Os ydych chi'n defnyddio'r un geiriad â ffynhonnell sydd wedi'i chyhoeddi, rhaid i chi roi dyfynodau o amgylch y darn a nodi o ble y daeth.		
Mae'r log hwn yn cynnwys cyfeiriadau at yr adnoddau a ddefnyddiwyd yn yr asesiad di-arholiad	✓	
Manylion cynllunio: Rhaid i chi gynnwys manylion cynllunio er nad oes angen i'r rhain fod yn helaeth. Gallwch roi manylion pellach drwy atodi tudalen ychwanegol.		
Yn ystod y traethawd estynedig, rwyf wedi cynllunio a chreu drafftiau newydd yn barhaus ac ailysgrifennu rhannau i gynnwys gwell cydbwysedd o ran cynnwys, gwerthuso ffynonellau a thrafod y dadleuon. Rwyf i'n teimlo fy mod wedi ffafrio cynnwys yn rhy drwm yn fy nrafftiau cynnar. Edrychais eto ar strwythur fy nadl hefyd, a chynnwys mwy o wrth-ddadleuon i drafod y pwnc dan sylw yn llawn.		
Manylion yr ymchwil gafodd ei gynnal: Rhaid i chi gynnwys manylion yr ymchwil a gynhaliwyd – fel yr adnoddau cyffredinol a astudiwyd, pecynnau dogfennau yr ymgynghorwyd â nhw neu ymweliadau â safleoedd. Gallech chi roi manylion pellach drwy atodi tudalen ychwanegol.		
Ymwelais â nifer o wefannau sy'n trafod cadfridogion y Ffrynt Gorllewinol, Haig yn benodol. Ymgynghorais â llyfrau ac erthyglau ar y rhyngrwyd oedd yn cynnig dehongliadau amrywiol o'r cadfridogion a'u hymddygiad. Astudiais y prif ysgolion o feddwl ar y mater a chasglu ffynonellau cynradd ar y pwnc. Yma defnyddiais lyfrgell y coleg oedd â llawer o lenyddiaeth rhyfel, yn rhyddiaith a barddoniaeth. Hefyd astudiais nifer o raglenni dogfen ar y teledu am y Somme a'r rhan a chwaraeodd y cadfridogion.		
Manylion yr adnoddau yr ymgynghorwyd â nhw: Rhaid i chi gynnwys llyfryddiaeth ar ddiwedd eich gwaith yn yr asesiad di-arholiad. Gallwch gynnwys unrhyw adnoddau eraill yr ymgynghorwyd â nhw isod, neu eu rhoi ar dudalen ychwanegol a'i hatodi. Dylech ddarparu'r manylion hyn fel yn yr enghreifftiau canlynol: (a) llyfrau a chyfnodolion: Morrison, A: *Mary, Queen of Scots*; Weston Press (2002) (b) gwefannau: http://hwb.wales.gov.uk/Resources		
Llyfrau: *Terraine, J: The Smoke and the Fire: Myths and Anti-myths of War, 1861–1945; Pen & Sword Books (1980)* *Laffin, J: British Butchers and Bunglers of World War I; The History Press (2003)* *Keegan, J: The First World War; Vintage (2000)* *Walter, G (gol.): The Penguin Book of First World War Poetry; Penguin (2006)* **Gwefannau:** *http://www.bbc.co.uk/guides/zq2y87h* *https://www.telegraph.co.uk/history/world-war-one/inside-first-world-war/part-two/10352633/first-world-war-generals.html* *https://yougov.co.uk/topics/politics/articles-reports/2014/01/09/wwi-generals-let-down-troops* *https://www.historyextra.com/period/first-world-war/british-generals-infighting-lost-battle-of-the-somme/* *https://www.warmuseum.ca/firstworldwar/history/people/generals/sir-douglas-haig/* **Fideos:** *https://www.youtube.com/watch?v=VOCwqA-UB-0* *https://www.youtube.com/watch?v=sMoKIWX4IM0*		

Rhestr wirio derfynol

Bydd eich athro'n edrych am yr elfennau sydd yn rhestr y dasg isod wrth asesu eich ateb. Efallai bydd hon yn rhestr wirio ddefnyddiol i chi hefyd.

Tasg 20

Gwirio terfynol

A allwch chi ateb yn gadarnhaol i'r holl bwyntiau hyn mewn perthynas â'ch asesiad di-arholiad? Maen nhw'n ymwneud â phob AA y byddwch chi'n cael eich asesu yn ei erbyn.

- Ydy'r wybodaeth a ddangosir yn gywir?
- Ydy eich ateb yn glir ac yn drefnus?
- Ydy eich ymateb yn ateb y cwestiwn a osodwyd?
- Ydy'r ateb yn dadansoddi a gwerthuso amrywiaeth o 6–8 ffynhonnell gynradd/gyfoes?
- Ydych chi wedi ceisio gwerthuso'r ffynonellau cynradd/cyfoes a ddewiswyd i brofi dilysrwydd y dehongliad sydd yn y cwestiwn?
- Ydych chi wedi ceisio canolbwyntio eich dadansoddiad o'r ffynonellau hyn ar ymdrin â sut a pham y gallai'r dehongliad fod wedi'i ffurfio?
- A oes trafodaeth ddilys ar yr hanesyddiaeth sy'n ymwneud â'r pwnc dan sylw – hynny yw, a oes dealltwriaeth gref o'r ddadl hanesyddol?

Crynodeb

- Gofynnwch am gyngor cyffredinol – a gweithredu arno – yn rheolaidd gan eich athro.
- Os ydych chi'n cael anhawster gydag unrhyw agwedd ar yr asesiad, peidiwch â phetruso cyn gofyn am gyngor penodol ar sut i reoli'r heriau hyn.
- Bydd yr asesiad di-arholiad yn helpu i ddatblygu llawer o sgiliau trosglwyddadwy – gall defnyddio log dysgwr fod yn effeithiol wrth gofnodi eich cynnydd.

■ Enghraifft wedi'i chwblhau

Dyma enghraifft o asesiad di-arholiad wedi'i gwblhau. Mae'n cynnwys rhai sylwadau gan arholwr i ddangos i ba raddau mae'r traethawd yn bodloni'r meini prawf asesu.

Mae haneswyr yn anghytuno dros y rhesymau pam roedd y mudiad Hawliau Sifil yn llwyddiant. I ba raddau rydych chi'n cytuno mai arweinyddiaeth Martin Luther King oedd y prif reswm dros lwyddiant y mudiad Hawliau Sifil yn yr 1960au?

Mae'r cwestiwn yn rhoi cyfle i gynnig barn wedi'i chadarnhau – sylwch ar y defnydd o'r ymadrodd 'y prif reswm' – ac yn gwahodd dadansoddiad o ddadl hanesyddol bwysig, sef y rhesymau dros lwyddiant y mudiad Hawliau Sifil yn yr 1960au.

Roedd Martin Luther King yn hollbwysig yn llwyddiant y mudiad Hawliau Sifil. Cafodd ei brotestiadau heddychlon a'i areithiau pwerus gyhoeddusrwydd torfol yn fyd-eang, ac roedd ei gred mewn dulliau di-drais i gyflawni cydraddoldeb wedi ei ysbrydoli gan Gandhi a'r hyn wnaeth yntau wrth ymdrin â'r Ymerodraeth Brydeinig. Roedd rôl King yn hynod o arwyddocaol i'r mudiad cydraddoldeb Affricanaidd-Americanaidd, o weithredu'r Boicot Bysiau ganol yr 1950au hyd at ei farwolaeth yn 1968. Dyfarnwyd Gwobr Nobel iddo yn 1964 yn sgil ei areithiau dylanwadol, fel ei araith yn yr Orymdaith ar Washington y flwyddyn flaenorol, ac yn sgil pasio'r Ddeddf Pleidleisio a Hawliau Sifil pan oedd Johnson yn Arlywydd.

Mae awgrym o ateb yn y frawddeg gyntaf, ond gallai ganolbwyntio mwy o lawer ar y cwestiwn ei hun. Sylwch ar y llithro oddi wrth y 'llwyddiant' tuag at 'arwyddocâd'. Maen nhw'n gysylltiedig, ond dydyn nhw ddim yr un cysyniadau hanesyddol.

Er bod King yn hynod o bwysig yn y mudiad Hawliau Sifil a bod haneswyr yn ystyried mai ef oedd y prif reswm dros lwyddiant y mudiad, mae'n rhaid ystyried nifer o ffactorau eraill sy'n cyfrif am lwyddiannau niferus gan ffigurau allweddol eraill. Bydd y traethawd hwn yn dadlau yn erbyn y syniad mai arweinyddiaeth King yw'r prif reswm dros lwyddiant y mudiad Hawliau Sifil. Rhaid ystyried Lyndon B. Johnson, Malcolm X a nifer o grwpiau eraill oherwydd y gwaith mawr a wnaethon nhw wrth helpu Americaniaid du i gyflawni cydraddoldeb pan nad oedd dim yn bodoli. Pasiwyd deddfau ac enillwyd parch oherwydd y gwaith trawiadol a wnaed ganddyn nhw yn ystod yr 1960au.

Mae mwy o ffocws yn y paragraff hwn sy'n ceisio rhoi ateb yn gryno. Mae cyfeiriad at 'haneswyr', a bydd hyn, gobeithio, yn creu cyfle i edrych ar ddatblygiad y ddadl hanesyddol am lwyddiant y mudiad Hawliau Sifil yn yr 1960au.

Yn haf 1963, ymgasglodd 200,000 o ddynion a menywod yn Washington i wrando ar ddyn sy'n cael ei ystyried gan nifer yn ffactor mwyaf arwyddocaol y mudiad Hawliau Sifil. Ar 28 Awst cyflwynodd ei araith 'Mae gen i freuddwyd', gan dynnu sylw'r byd at Martin Luther King ei hun, a hefyd at y trais a'r anghyfiawnder yn erbyn Americaniaid du drwy'r cyfryngau.

Does dim ymdrech wedi'i gwneud i gysylltu'r paragraff hwn â'r cyflwyniad a'r ateb cryno. Ffordd syml o gysylltu fyddai cyfeirio at arweinyddiaeth King fel roedd i'w gweld yn ei ddulliau areithio. Mae'r diffyg brawddegau cyswllt yn wendid drwy gydol y traethawd.

FFYNHONNELL 1

Pan ysgrifennodd penseiri ein gweriniaeth eiriau gwych y Cyfansoddiad a'r Datganiad Annibyniaeth... Mae'n freuddwyd sydd wedi'i gwreiddio'n ddwfn yn y freuddwyd Americanaidd. Mae gennyf freuddwyd y bydd y genedl hon un diwrnod yn codi, ac yn byw gwir ystyr ei chred – 'Credwn bod y gwirioneddau hyn yn amlwg: bod pob dyn yn cael ei greu yn gyfartal'. Mae gennyf freuddwyd y bydd meibion cyn-gaethweision, un dydd, ar fryniau coch Georgia... Mae gennyf freuddwyd, rhyw ddiwrnod yn Alabama gyda'i hilgwn ffyrnig... gadewch i ryddid atseinio o Fynydd y Garreg, Georgia.

[Araith Martin Luther King 'Mae gennyf freuddwyd', ger Cofeb Lincoln, 28 Awst 1963 yn Washington]

Mae ffynhonnell 1 yn ddetholiad o'i araith a gyffyrddodd â bywydau Americaniaid du oedd yn mynd drwy amser heriol yn hanes America. Ond yn bwysicach, tynnodd y dosbarth canol gwyn Americanaidd i gylch ei gefnogwyr, rhywbeth a oedd yn hanfodol er mwyn symud y mudiad Hawliau Sifil yn ei flaen. Defnyddiodd King sentiment Americanaidd i ddweud wrth Americaniaid gwyn nad oedd gwahaniaeth yn y ffordd roedden nhw'n teimlo am America; mae'n defnyddio gwladgarwch wrth iddo grybwyll 'y Cyfansoddiad a'r Datganiad Annibyniaeth', sy'n bethau y mae Americaniaid yn teimlo'n gryf iawn drostynt, yn enwedig y dosbarth canol gwyn. Unwaith eto, mae King yn defnyddio'r un sentiment wrth sôn am 'y freuddwyd Americanaidd'. Hyd yn oed os nad oeddech chi'n un o'r 200,000 o gefnogwyr yn Washington ar y diwrnod hwnnw, daeth llawer o gefnogaeth drwy'r teledu yn sgil araith mor emosiynol. Er i hyn sicrhau cefnogaeth gan grŵp pwysig iawn y dosbarth canol gwyn, roedd rhai cefnogwyr yn ei weld yn ddatblygiad negyddol. Roedd cenedlaetholwyr du yn teimlo mai unig ddymuniad King oedd ennill cydraddoldeb, ac nad oedd yn rhannu barn rhai ffigurau arwyddocaol eraill bod y mudiad du yn uwchraddol. Mae'n araith rymus, ac mae sôn amdani o hyd oherwydd ei defnydd o ymadroddion teimladwy i Americaniaid du – pethau fel crybwyll Mynydd y Garreg yn Georgia lle cafodd y Ku Klux Klan ei sefydlu, a lle dioddefodd Americaniaid Affricanaidd lawer o anghyfiawnder yn y cyfnod hwn. Er ei fod yn dymuno sicrhau cydraddoldeb, mae'r araith yn dangos nad oedd yn dymuno mwy na hynny. Dyma oedd ochr negyddol ymagwedd King at y mudiad Hawliau Sifil, yn wahanol i Malcolm X, y Black Panthers a nifer o ffigurau mwy gwrthryfelgar oedd yn dymuno sicrhau mwy na chydraddoldeb ac yn awyddus i weld pobl ddu yn ffynnu.

Roedd yr araith yn arwyddocaol oherwydd y sylw enfawr a gafodd yn y cyfryngau, nid yn unig yn America ond ledled y byd. Os nad oedd enw King yn adnabyddus yn barod, roedd pawb yn gwybod amdano bellach. Effaith yr araith oedd dod ag amlygrwydd i King oherwydd natur rymus y geiriau; i lawer o haneswyr, dyma oedd y trobwynt i King a'r mudiad Hawliau Sifil oherwydd y sylw a ddaeth yn ei sgil i'r driniaeth anghyfiawn o Americaniaid du, a hynny'n deillio o wreiddiau llywodraeth America. Mae lleoliad yr araith yn berthnasol iawn wrth ystyried pa mor bwerus oedd hi, oherwydd wrth i King sefyll ar risiau Cofeb Lincoln, roedd yn trafod problemau oedd yn dal i ddigwydd 100 mlynedd ar ôl i'r Arlywydd Lincoln ddiddymu caethwasiaeth wrth gyhoeddi'r Proclamasiwn Rhyddfreinio. Unwaith eto, mae King yn defnyddio teimladau'r Americaniaid i hawlio eu sylw, ac mae'n gwneud hyn drwy ddefnyddio ffigur arwyddocaol a roddodd gychwyn i ryddid Americaniaid Affricanaidd yng ngolwg rhai.

Mae'r ffynhonnell yn ddewis da, ond mae'r defnydd o amrywiol ymadroddion yn ddryslyd. Does dim ymdrech chwaith i gyflwyno'r ffynhonnell drwy esbonio pam cafodd ei dewis – mae'n debyg mai er mwyn adlewyrchu ansawdd King fel areithiwr ysbrydoledig. Unwaith eto, gwendid sydd i'w weld drwy'r traethawd cyfan yw peidio â chyflwyno ac integreiddio deunydd o'r ffynhonnell.

Dadansoddiad sylfaenol o gynnwys ac effaith yr araith benodol yw'r adran hon. Er bod pwyntiau perthnasol yn cael eu gwneud, does dim ymdrech i werthuso'r ffynhonnell yn ei chyd-destun hanesyddol – sef yr amgylchiadau yn 1963 a arweiniodd at awydd King i ddangos ei allu fel arweinydd mewn ralïau fel hon. Does dim ymdrech chwaith i gysylltu tystiolaeth o'r fath â'r broses o ffurfio a chefnogi ysgolion penodol o feddwl ynghylch llwyddiant y mudiad Hawliau Sifil.

Ond gallech chi ddweud bod hyn yn drobwynt yn y mudiad Hawliau Sifil, oherwydd heb gymorth Lyndon B. Johnson, a basiodd y Deddfau roedd King yn protestio drostyn nhw, ni fyddai ei ymgyrch wedi gwneud dim mwy na dangos gwrthwynebiad i anghyfiawnder yn America.

Mae cyfeiriad yma at gysyniad hanesyddol gwahanol – 'trobwyntiau' – a chyfeiriad hefyd at Johnson. Dyma ymdrech i roi rhywfaint o gydbwysedd i'r ateb felly, ond nid yw'n gwbl lwyddiannus.

Mae'r ffynhonnell yn werthfawr gan ei bod yn dangos sut defnyddiodd Martin Luther King ei areithiau pwerus i lwyddo yn y mudiad Hawliau Sifil. Mae hynny'n cefnogi fy ngwybodaeth a'm dealltwriaeth i o ba mor wych oedd King wrth ddefnyddio teimladau ac emosiynau i sicrhau cefnogaeth gan Americaniaid du yn ystod yr 1950au a'r 1960au. Mae'r flwyddyn yn berthnasol ac yn ychwanegu dilysrwydd i'r ffynhonnell, oherwydd yn ystod y ddwy flynedd yn dilyn yr orymdaith yn Washington, pasiwyd y Ddeddf Hawliau Sifil a'r Ddeddf Hawliau Pleidleisio drwy'r Gyngres. Dyna awgrym o'r effaith a gafodd King yn ystod cyfnod y mudiad Hawliau Sifil yn America.

Mynegir barn ar werth y ffynhonnell, ond nid oes cyswllt â'r ymholiad penodol am arweinyddiaeth King nac â ffurfio ymagwedd meddwl benodol ynghylch y rhesymau dros lwyddiant y mudiad Hawliau Sifil.

Nodwch y cyfeiriad at y ffaith fod 'hyn yn cefnogi fy ngwybodaeth a'm dealltwriaeth i'. Bydd yr ymadrodd hwn yn ymddangos sawl tro yn y traethawd, ond mae'n ddiangen gan nad yw'n ychwanegu dim at yr ateb.

I nifer o Americaniaid roedd King fel aelod o'r teulu ac yn hynod o bwysig iddyn nhw oherwydd y mudiad Hawliau Sifil a'r ffordd roedd yn ymddwyn fel person. Mae'r coffâd iddo ar ôl ei farwolaeth gan Benjamin Mays yn dangos pa mor werthfawr ydoedd i'r mudiad. Doedd hi ddim yn syndod mai Mays fyddai'r unig siaradwr yn angladd King, dyn yr oedd King un tro wedi'i ddisgrifio fel 'fy nhad deallusol'.

Unwaith eto, sylwch ar y diffyg mecanwaith cysylltu. Ffordd dda i ymdrin â hyn fyddai defnyddio ymadrodd cysylltiol fel 'enghraifft arall o arweinyddiaeth effeithiol King oedd ei bolisi di-drais.'

FFYNHONNELL 2

Mae cael yr anrhydedd o dderbyn cais i gyflwyno coffâd yn angladd Dr Martin Luther King Jr fel cael cais i goffáu eich mab marw eich hun. Dyma ddyn oedd yn credu â'i holl nerth bod ymddwyn yn dreisgar ar unrhyw adeg yn anghywir, yn foesegol ac yn foesol. Ni fyddai unrhyw unigolyn rhesymol yn gwadu bod gweithgareddau a phersonoliaeth Dr King wedi cyfrannu'n enfawr at lwyddiant mudiadau protestiadau eistedd y myfyrwyr wrth ddileu arwahanu yn y trefi, a bod ei weithgareddau wedi cyfrannu'n fawr at basio deddfwriaeth Hawliau Sifil yn 1964 ac 1965.

[Coffâd Benjamin Mays yn angladd Martin Luther King, 9 Ebrill 1968]

Byddai rhai'n ystyried coffâd Mays yn fyfyrdod ar fywyd King, ac felly nad oes modd ei ystyried yn ffynhonnell gynradd. Ond gan fod y cwestiwn yn gwahodd trafodaeth ar y mudiad Hawliau Sifil yn yr 1960au, byddai hon yn cael ei hystyried yn ffynhonnell gynradd.

Yn y ffynhonnell hon, mae Mays yn sôn am King fel mab iddo oherwydd iddo fod yn athro i King drwy gydol ei flynyddoedd yng Ngholeg Morehouse; byddai'n aml yn gwrando ar Mays yn pregethu yn y capel. Cafodd Mays ddylanwad mawr ar King oherwydd ei gred mewn dulliau di-drais i gyflawni llwyddiant. Cyfeiriodd King at Mays fel 'mentor ysbrydol a deallusol' iddo, a thrwy'r coffâd cyfan mae Mays yn sôn am gredoau mawr King a'u dylanwad ar ei ddulliau, gan arwain at ei ddatblygiad yn ffigur mwyaf allweddol y mudiad Hawliau Sifil. Mae Mays yn sôn am basio deddfwriaeth Hawliau Sifil yn 1964 ac 1965; mae hyn yn ategu fy ngwybodaeth a'm dealltwriaeth i o'r ffordd roedd Martin Luther King yn bwysig wrth sicrhau cyflawni'r deddfau hyn yr oedd Americaniaid du yn ymladd drostynt.

Mae'r ffynhonnell yn ddefnyddiol iawn wrth ddangos pa mor bwerus oedd King o fewn y mudiad, gan fod geiriau mor gryf yn cael eu defnyddio wrth siarad amdano. Mae'n codi'r cwestiwn pam mae pobl hyd yn oed yn gofyn ai ef oedd y prif reswm dros lwyddiant y mudiad. Mae Mays yn ategu fy ngwybodaeth a'm dealltwriaeth i wrth iddo sôn am basio deddfwriaeth yn ystod yr 1960au, deddfwriaeth arwyddocaol wrth sicrhau twf cydraddoldeb i Americaniaid du. Mae teyrnged Mays hefyd yn trafod ymagwedd King at y gwahaniaethu yn America yn ystod yr 1950au a'r 1960au, a sut arweiniodd ei agwedd yntau at gefnogaeth y myfyrwyr. Roedd hyn hefyd yn allweddol i'm gwybodaeth a'm dealltwriaeth i.

Mae'r dadleuon hyn yn gwneud y ffynhonnell yn fwy defnyddiol, gan ei bod yn cefnogi'r syniad mai arweinyddiaeth King oedd y prif reswm dros lwyddiant y mudiad.

Byddai'n bosibl ystyried bod y ffynhonnell yn dangos tuedd, gan ei bod yn araith yn angladd y ffigur allweddol dan sylw: er bod Mays yn gyfaill mawr ac yn diwtor i King, roedd rhaid iddo ddangos parch ar ddiwrnod oedd mor ofnadwy i gynifer o bobl. Rhaid i deyrnged ddangos y person fu farw mewn goleuni da, ac er y byddai llawer o gyfoedion yn dweud bod King a'i ddulliau'n wych, mae tystiolaeth sy'n dangos nad y dull di-drais oedd y ffordd orau, bob amser, i sicrhau'r deddfau hyn.

Mae rhai sylwadau dilys yma am darddiad a chyd-destun y ffynhonnell.

Mae hon yn ffynhonnell werthfawr i hanesydd oherwydd y ffordd mae Mays yn siarad am King gyda geiriau mor bwerus, sy'n profi bod ei waith yn golygu cymaint i bobl ar draws America a'r byd. Mae'n cyfiawnhau pam mai King sy'n cael ei ystyried yn brif reswm dros lwyddiant y mudiad Hawliau Sifil. Ond gan fod hon yn araith a gyflwynwyd yn ei angladd, mae elfen gref o duedd at y dyn dan sylw felly mae'n rhaid cwestiynu hygrededd y ffynhonnell.

Unwaith eto, cyflwynir barn am werth y ffynhonnell a chyfeiriad pryfoclyd at haneswyr, ond nid yw'n mynd dim pellach. Mae'r farn a geir yma yn gysylltiedig â'r ymholiad penodol am arweinyddiaeth King a Hawliau Sifil, ond nid â'r broses o ffurfio unrhyw ysgol benodol o feddwl am y rhesymau dros lwyddiant y mudiad Hawliau Sifil.

Un peth sy'n dangos cyfraniad sylweddol Martin Luther King yw'r ffaith i Wobr Heddwch Nobel gael ei dyfarnu iddo am ei gyfranogiad a'i arweinyddiaeth sylweddol yn y mudiad Hawliau Sifil. Yn 1986, sefydlodd America ŵyl ffederal yn ei enw.

Unwaith eto, byddai brawddeg gyswllt yn helpu: er enghraifft, 'Mae tystiolaeth bellach am arweinyddiaeth King gyda...'

FFYNHONNELL 3

Ef yw'r person cyntaf yn y byd gorllewinol i ddangos i ni ei bod yn bosibl ymladd heb drais. Heddiw rydym ni'n talu teyrnged i Martin Luther King, y dyn nad ildiodd ei ffydd erioed yn y frwydr ddi-arfau a ymladdodd, sydd wedi dioddef oherwydd ei ffydd, ac sydd wedi gweld ei fywyd a bywydau ei deulu yn cael eu bygwth, ac sydd er hynny wedi parhau heb simsanu.

[Cyflwyniad i Martin Luther King yng ngwobrau Heddwch Nobel 1964]

Dewis da o ffynhonnell, sy'n dangos elfen arall o arweinyddiaeth King – sef ei natur ddiwyro.

Mae ennill Gwobr Heddwch Nobel yn dangos pa mor ddylanwadol oedd King yn y mudiad yn erbyn y driniaeth annheg o Americaniaid Affricanaidd. Ategir hyn yn y ffaith fod King wedi helpu i basio'r Ddeddf Hawliau Pleidleisio yn 1965. Yna mae Ffynhonnell 3 yn dangos y cynnydd roedd y mudiad Hawliau Sifil yn ei wneud gyda King yn arwain y tîm rheoli.

Sylwch ar y llithro yma eto. Mae sôn i ddechrau am 'ddylanwad' King, ond yna mae'r traethawd yn llithro'n ôl i gyfeirio at ei 'arweinyddiaeth'.

Er bod y ffynhonnell yn cefnogi'r ddadl mai King oedd y prif reswm dros gynnydd y mudiad Hawliau Sifil, byddai'n bosibl gweld tuedd ynddi, fel yn y coffâd. King yw prif destun y ffynhonnell, ac mewn digwyddiad mor nodedig yr unig beth naturiol i siaradwr ei wneud yw adrodd geiriau mawr ac ystyrlon. Ni fyddai awdur y cyflwyniad hwn yn dymuno niweidio enw da King yn ystod seremoni Gwobr Nobel, ac unwaith eto mae hyn gwneud y ffynhonnell yn llai dibynadwy i hanesydd.

Byddai'n rhaid i hanesydd archwilio priodoliad y ffynhonnell, gan nad yw awdur y cyflwyniad i'r wobr yn cael ei enwi. Er bod y ffynhonnell yn cynnwys ffeithiau – fel y ffaith na chollodd King ffydd yn ei ddulliau poblogaidd – mae priodoliad y ffynhonnell yn lleihau dilysrwydd y ffynhonnell i hanesydd wrth ofyn ai King oedd y prif reswm dros lwyddiant y mudiad Hawliau Sifil. At hynny, ni fyddai'r araith yn debygol o gydnabod ffactorau eraill oedd yn ddylanwadau, ac nid yw'n adfyfyrio yn y ffordd y byddai ffynhonnell eilaidd yn ei wneud.

Daw'r ffynhonnell yn fwy defnyddiol wrth gefnogi fy ngwybodaeth a'm dealltwriaeth o'r ffordd y sicrhaodd ei gredoau gymaint o gefnogaeth iddo yn ystod yr 1950au a'r 1960au. Denodd ei ymagwedd ddi-drais gefnogaeth dorfol, nid yn unig gan Americaniaid Affricanaidd ond hefyd gan y cyfryngau. Roedd hynny'n fantais enfawr i King a'r mudiad.

Unwaith eto, mae ymdrech yma i farnu gwerth y ffynhonnell, ond mae'r dadansoddiad hwn yn ynysig a heb ei gysylltu â'r ymholiad penodol am arweinyddiaeth King, nac â'r broses o ffurfio ymagwedd meddwl benodol am y rhesymau dros lwyddiant y mudiad Hawliau Sifil.

FFYNHONNELL 4

Oherwydd ei areithio ysbrydoledig a'i garisma, King oedd y prif lefarydd ar ran Americaniaid du yn ystod y blynyddoedd 1956–1965. Ei araith 'Mae gen i freuddwyd' oedd uchafbwynt yr Orymdaith ar Washington yn 1963. Cyfrannodd ei ymgyrch yn Birmingham yn yr un flwyddyn at basio Deddf Hawliau Sifil 1964, ac roedd ei ymgyrch yn Selma yn allweddol wrth basio'r Ddeddf Hawliau Pleidleisio yn 1965.

[Detholiad o Bennod 7 cyfrol *Civil Rights and Race Relations in the USA 1850–2009* gan Vivienne Sanders.]

Nid yw'r ffynhonnell hon yn ffynhonnell gynradd. Mae'n ddetholiad o werslyfr a ysgrifennwyd gan hanesydd. O ganlyniad, nid yw'r ffordd y caiff ei defnyddio yma yn ddilys. Os caiff ei ddefnyddio, dylid nodi ei fod yn ddetholiad, a'i ddefnyddio fel enghraifft o hanesydd sy'n adlewyrchu ysgol benodol o feddwl – yn yr achos hwn, bod arweinyddiaeth King yn allweddol i lwyddiant y mudiad Hawliau Sifil. Byddai'n well gosod hwn ynghynt yn y traethawd fel detholiad, ac yna defnyddio ffynonellau cynradd 1, 2 a 3 i ddangos sut byddai'r math hwn o ddehongliad wedi cael ei ffurfio.

Mae ffynhonnell 4 yn amlwg yn cefnogi'r cwestiwn sy'n cael ei ofyn, sef ai arweinyddiaeth Martin Luther King oedd y prif reswm dros lwyddiant y mudiad Hawliau Sifil. Mae'n crybwyll yr holl ffactorau i'w hystyried wrth gyfiawnhau'r rhesymu dros ystyried mai King oedd y ffactor pwysicaf. O'r dechrau, mae'r ffynhonnell yn cefnogi fy ngwybodaeth a'm dealltwriaeth i drwy ddatgan sut roedd ei 'areithio ysbrydoledig a'i garisma' yn golygu mai King fyddai'r prif lefarydd ar ran Americaniaid du yn y frwydr dros achos Americaniaid du. Mae hefyd yn crybwyll araith 'Mae gen i freuddwyd' King, ac rwyf eisoes wedi sôn am hon fel rhywbeth sy'n cefnogi'r dehongliad o King fel prif achos y llwyddiant. Mae hyn yn dangos pa mor hanfodol oedd ei araith yn Washington yn natblygiad y mudiad Hawliau Sifil. Mae'r ffynhonnell gyfan yn cefnogi'r holl ffactorau i'w hystyried wrth ateb y cwestiwn, a hwnnw'n un sy'n cael ei drafod yn eang, sef ai arweinyddiaeth Martin Luther King oedd y prif reswm dros lwyddiant y mudiad Hawliau Sifil. Prif drobwyntiau'r mudiad Hawliau Sifil oedd pasio'r Ddeddf Hawliau Sifil a'r Ddeddf Hawliau Pleidleisio, ac maen nhw'n cael eu crybwyll yma a'u priodoli i gyfraniad King wrth iddo frwydro i sicrhau eu bod yn cael eu pasio. Unwaith eto, mae hyn yn awgrymu na fyddai'r syniad o basio'r deddfau hyn fyth wedi digwydd heb arweinyddiaeth King. Mae hyn yn cefnogi barn llawer o haneswyr mai King oedd y prif reswm dros lwyddiant y mudiad.

Mae'r sylwadau gwerthuso ar y detholiad yn anghywir am ei fod yn cael ei ddefnyddio fel ffynhonnell gynradd. Nid yw'n ffynhonnell gynradd – mae'n ddehongliad. Ond does dim byd o'i le â'r sylwadau eu hunain, os ydyn nhw'n cael eu defnyddio i ddangos ymagwedd meddwl benodol.

Ysgrifennwyd y ffynhonnell gan Vivienne Sanders ac mae'n ddefnyddiol yn fy ymholiad. Mae Sanders wedi ysgrifennu llawer o lyfrau ar y problemau'n ymwneud â hil yn America, ac mae'n arbenigo ar y pwnc hwn sy'n ychwanegu cryn hygrededd i'r ffynhonnell ac yn ei gwneud yn werthfawr i hanesydd. Unwaith eto mae gwerth y ffynhonnell yn cynyddu gan fod Sanders yn hanesydd sydd â mantais ôl-ddoethineb ar y materion dan sylw. Mae ffocws pendant i'r llyfr, sy'n ei wneud yn fwy dibynadwy a dilys. Mae Sanders wedi cael addysg dda, ac mae'n uchel ei pharch. Mae hyn hefyd yn gwneud y ffynhonnell yn ddibynadwy iawn. Daw'r detholiad o bennod sy'n canolbwyntio ar Martin Luther King, a gan ei bod yn ymwneud â'r ffigur allweddol yn y cwestiwn, mae dilysrwydd y ffynhonnell hefyd yn cynyddu.

Mae sylwadau fel hyn ar awdur detholiad i'w gweld yn aml yn yr asesiad di-arholiad. Maen nhw'n ddiangen ac yn fformiwläig, ac nid ydyn nhw'n haeddu marciau. Mae angen dadansoddi dehongliadau gwahanol yng nghyd-destun ysgolion gwahanol o feddwl am y mater, a chywirdeb ac amrywiaeth y dystiolaeth.

Ond er nad oes modd gwadu cyfraniad King a'i arweiniad i lwyddiant y mudiad, mae haneswyr wedi nodi ffactorau eraill a allai fod yr un mor bwysig neu'n bwysicach na dylanwad King.

Mae hwn yn ddatganiad gor-syml sy'n llithro drwy sôn am gyfraniad, arweinyddiaeth a dylanwad – pa un? – ond mae'n awgrymu bod ateb cytbwys yn datblygu. Mae hefyd yn bont glir rhwng dwy ran yr ateb.

Yn ystod y cyfnod ofnadwy hwn o ragfarn yn erbyn Americaniaid Affricanaidd, roedd Martin Luther King yn parhau'n ffigur allweddol a oedd fel pe bai'n gwthio'r mudiad Hawliau Sifil i'r cyfeiriad cywir. Ond i lawer o Americaniaid du, doedd hyn ddim yn wir. Roedd rhai'n credu bod ei syniad o brotestio heddychlon yn mynd â nhw i ganol rhyw ryfel, ac roedd llawer o achosion o hyn lle trodd protest yn sur er bod bwriad iddi fod yn ddi-drais.

Yn ogystal, roedd llawer o ffigurau sylweddol yn dadlau yn erbyn y syniad mai King oedd y ffactor pwysicaf wrth sicrhau cynnydd pobl ddu yn ystod yr 1950au a'r 1960au. Malcolm X yw un o'r ffigurau hyn sy'n cael eu hystyried yn bwysicach oherwydd ei gred mewn pŵer du – nid bod yn gyfartal â'r dyn gwyn yn unig, ond yn uwchraddol – a dyma oedd yn apelio at Americaniaid du gwrthryfelgar yn y Gogledd, lle nad oedd gan King gymaint o ddylanwad.

Mae yna'r awgrym lleiaf yma bod ymagwedd meddwl wahanol i'w chael ar y mater hwn, ond nid yw'n mynd ddim pellach. Nid oes ymgais i gyflwyno'r ffynhonnell nesaf fel cefnogaeth dros ysgol wahanol o feddwl.

FFYNHONNELL 5

Na, dydw i ddim yn Americanwr. Rwyf i'n un o'r 22 miliwn o bobl ddu sy'n dioddef dan Americaniaeth. Un o'r 22 miliwn o bobl ddu sy'n dioddef dan ddemocratiaeth – dim byd mwy na rhagrith cudd. Felly dydw i ddim yn sefyll yma yn siarad â chi fel Americanwr, na gwladgarwr, nac fel un sy'n cyfarch nac yn chwifio'r faner. Na, rwyf i'n siarad fel un sydd wedi dioddef dan law y system Americanaidd. Rwyf i'n gweld America drwy lygaid y dioddefwr. Dydw i ddim yn gweld unrhyw freuddwyd Americanaidd: rwyf i'n gweld hunllef Americanaidd.

[Malcolm X, araith 'Mae gen i hunllef' ym Mhrifysgol Ghana, Mai 13 1964]

Roedd y detholiad hwn o araith 'Mae gen i hunllef' Malcolm X yn ymosodiad uniongyrchol ar araith Martin Luther King, 'Mae gen i freuddwyd'. Mae'n herio ideoleg y Freuddwyd Americanaidd a ddefnyddiodd King yn y gobaith o sicrhau cefnogaeth allweddol gan Americaniaid gwyn. Mae Malcolm X yn targedu'r dosbarth gweithiol du yn y getos yn y gogledd, lle roedd y problemau'n rhai gwahanol. Mae King yn siarad fel Americanwr, ond mae Malcolm X yn credu ei fod yn dioddef dan y system Americanaidd. Mae'r araith yn dangos ochr wrthryfelgar y mudiad Hawliau Sifil, lle caiff Malcolm X ei ystyried yn ffigur allweddol gan lawer o haneswyr.

Mae'r datganiad yn un mentrus, ac mae'n dechrau yn y modd hwn wrth i Malcolm X ddweud 'Dydw i ddim yn Americanwr'. Mae'n ceisio apelio at yr Americaniaid Affricanaidd sy'n teimlo eu bod yn cael eu herlid gan gymdeithas gwynion America, a fu'n eu cam-drin drwy gydol eu bywydau. Nid yw'n dweud nad yw'n dymuno bod yn Americanwr, ond mae'n dangos ar y funud hon nad yw Americaniaid du yn cael eu cyfrif yn Americaniaid oherwydd y rhaniad hiliol sydd a'i wreiddiau yng nghaethwasiaeth y de. Mae Malcolm X yn defnyddio grym amlwg America ac yn ei droi yn ei herbyn drwy ddweud mai Americaniaeth yw'r rheswm pam mae'r bobl ddu wedi cael eu cam-drin. Mae Malcolm X yn ceisio cyfleu ei bwynt fod y lleiafrif yn America wedi bod yn fwch dihangol o ran hil ac wedi cael eu beio am eu problemau eu hunain drwy gydol hanes America.

Mae'r araith yn ateb i araith 'Mae gen i freuddwyd' Martin Luther King. Mae'r araith honno'n seiliedig ar y gred bod angen cyffwrdd bywydau'r dosbarth canol gwyn a gwladgarwch Americaniaid. Ond mae Malcolm X yn siarad am beidio â bod yn 'wladgarwr nac yn un sy'n cyfarch nac yn chwifio'r faner'. Byddai hynny wedi digio cymdeithas wyn America a King hefyd, ar ôl iddo weithio mor galed i annog y rhan hon o gymdeithas i gefnogi'r mudiad Hawliau Sifil. Mae'r ymadroddion grymus yn yr araith hon yn dangos nod Malcolm X, ac yn awgrymu nad protestiadau heddychlon oedd y dewis gorau bob tro wrth geisio helpu i ddatblygu cydraddoldeb – neu'r hyn y byddai Malcolm X wedi gobeithio amdano, sef bod yn uwchraddol, yn wahanol i King.

Mae'r ffynhonnell yn cwestiynu'r datganiad mai King oedd y prif reswm dros lwyddiant gan ei bod yn dangos pa mor wych oedd dulliau Malcolm X o ymdrin â rhagfarn hiliol yn ystod yr 1960au. Mae hyn i'w weld yn y ffaith fod ei agwedd wedi parhau ar ôl ei farwolaeth yn 1965, pan fabwysiadodd mudiad y Black Panthers ei syniadau ar ddiwedd yr 1960au ac yn yr 1970au.

Mae gwerth y ffynhonnell i hanesydd yn fwy oherwydd y mater hwn, gan ddangos, er bod Martin Luther King yn ffactor cryf yn llwyddiant y mudiad Hawliau Sifil, bod ffigurau allweddol eraill hefyd wedi helpu'r mudiad Hawliau Sifil i ddatblygu.

Dyma ymgais hir i werthuso'r ffynhonnell gan Malcolm X. Ond wrth geisio gwerthuso, does dim cyfeiriad clir at y cyd-destun hanesyddol nac unrhyw gysylltiad â dehongliad amgen o'r mater. Yn wir, nid yw'n nodi unrhyw beth penodol am yr awdur na'i berthynas â'r mudiad Hawliau Sifil.

Yn 1964 digwyddodd rhywbeth pwysig yn y mudiad Hawliau Sifil; daeth gan Arlywydd yr Unol Daleithiau, wrth i Johnson basio'r Ddeddf Hawliau Sifil drwy'r Gyngres. Profodd hyn fod cynnydd yn digwydd. O'r holl wahanol fathau o wrthdystiadau a drefnodd arweinwyr du i sicrhau cydraddoldeb (neu fynd ymhellach), heb help yr Arlywydd Lyndon Johnson, a ddaeth yn Arlywydd ar ôl llofruddiaeth John F. Kennedy yn 1963, ni fyddai pasio'r Ddeddf Hawliau Sifil a'r Ddeddf Hawliau Pleidleisio wedi bod yn bosibl. Roedd pasio'r ddwy ddeddf yn dangos cynnydd mawr ar gyfer y mudiad Hawliau Sifil, ac yn arwydd bod gwaith yr arweinwyr niferus fel Martin Luther King a Malcolm X wedi bod yn werth chweil.

Nid oes unrhyw ymdrech i gysylltu'r paragraff hwn â'r rhai blaenorol. Mae'n cyfeirio'n glir at reswm allweddol arall dros lwyddiant y mudiad Hawliau Sifil – cefnogaeth a chyfraniad gwleidyddion blaenllaw UDA. Byddai cymal cysylltu i ddangos hyn yn werthfawr.

FFYNHONNELL 6

Yn sgil Deddf Hawliau Sifil 1964, gwaharddwyd gwahaniaethu mewn llefydd cyhoeddus, dadwahanwyd ysgolion ymhellach, rhoddwyd dulliau cyfreithiol i'r llywodraeth ffederal allu dileu arwahanu yn y de, a sefydlwyd y Comisiwn Cyflogaeth Gyfartal.

[Detholiad o Bennod 7 yn y gyfrol *Civil Rights and Race Relations in the USA 1850–2009* gan Vivienne Sanders.]

Nid yw'r ffynhonnell hon yn ffynhonnell gynradd. Daw o'r un gwerslyfr â Ffynhonnell 4. Yn amlwg, nid yw hon chwaith yn ddilys yn y ffordd y caiff ei defnyddio. Nid yw o fawr ddefnydd, hyd yn oed os caiff ei labelu fel detholiad, gan nad yw'n ddehongliad ond yn hytrach yn ddatganiad ffeithiol mewn perthynas â deddfwriaeth 1964. Gellid bod wedi cynghori'r ymgeisydd i newid hwn yn ystod yr Adolygiad Ffurfiol.

Er i Martin Luther King brotestio i sicrhau pasio'r biliau hyn yn y Gyngres, heb Johnson yn Arlywydd ni fyddai fyth wedi digwydd ac mae'n awgrymu, pe bai rhyw Arlywydd arall mewn grym, na fyddai wedi bod yn bosibl pasio rhai o'r cyfreithiau. Roedd yn amseru perffaith fod Johnson wedi dod yn Arlywydd pan oedd Martin Luther King yn gwneud ei waith, er mwyn iddo allu cefnogi safbwynt cydraddoldeb i'r Negro yn America. Mae Ffynhonnell 6 yn hynod o berthnasol gan ei bod yn anghytuno â'r datganiad mai Martin Luther King oedd y prif reswm dros lwyddiant y mudiad Hawliau Sifil, gan fod gwaith yr Arlywyddion Kennedy a Johnson yn allweddol. Hebddyn nhw, byddai gwaith Martin Luther King wedi bod yn ofer wrth geisio cael y deddfau hyn.

Mae gan rai pobl syniad bod Johnson wedi defnyddio'r frwydr hon dros Americaniaid Affricanaidd fel ffordd o gasglu pleidleisiau pobl dduon. Ond mae'n bosibl dadlau yn erbyn hynny gan iddo ddangos ei fod wir yn poeni ar ôl gorymdeithiau Selma drwy ddefnyddio dyfyniadau gan Martin Luther King. Mae'n amhosibl gwadu pwysigrwydd Johnson i'r mudiad Hawliau Sifil.

Gallwn weld gwerth y ffynhonnell i hanesydd wrth iddi ddangos na fyddai'r deddfau hyn wedi pasio drwy'r Gyngres heb Johnson yn Arlywydd America. Mae hynny'n golygu y gallem ni fod yma heddiw o hyd heb i'r biliau hyn gael eu pasio, pe na bai Johnson yn y lle iawn ar yr adeg iawn.

Mae'r sylw'n anghywir mewn sawl ffordd: sylwch ar natur ddisgrifiadol yr ysgrifennu, a'r ffaith nad yw'r ffynhonnell yn cyfeirio at Johnson o gwbl.

Roedd sawl achlysur pan drodd gorymdeithiau 'heddychlon' a 'di-drais' Martin Luther King yn erbyn gwahaniaethu hiliol yn dreisgar. Roedd King fel pe bai bob amser yn pregethu dulliau Gandhi, ond profodd llawer o Americaniaid du drais gwirioneddol gan yr heddlu ac Americaniaid gwyn, yn enwedig yn y de. Heb unrhyw fwriad i ymladd yn ôl heblaw drwy bregethwyr mewn eglwysi lleol, gorymdeithiau ac areithiau, cafodd llawer o Americaniaid Affricanaidd eu hanafu pan ymladdodd yr Americaniaid yn ôl.

Tair gorymdaith o Selma i Montgomery oedd gorymdeithiau Selma rhwng 7 a 25 Mawrth, gyda'r olaf yn digwydd ar 21 Mawrth. Dangosodd Selma a'r gorymdeithiau ar Bont Edmund Pettus pa mor dreisgar y gallai'r ymosodiadau ar orymdeithiau heddychlon fod. Pan orymdeithiodd Martin Luther King ar draws y bont i brotestio dros yr hawl i bleidleisio, cymerodd milwyr a phobl leol talaith Alabama faterion i'w dwylo eu hunain.

Nid yw hwn i'w weld yn canolbwyntio ar y mater dan sylw o gwbl. Mae'n ddarn disgrifiadol sy'n beirniadu dulliau King.

FFYNHONNELL 7

Ffotograff o ddigwyddiadau ar Bont Edmund Pettus yn Selma, Montgomery ddydd Sul 7 Mawrth

Mae'r ffotograff yn dangos Milwyr y Dalaith yn defnyddio nwy dagrau fel math o rym yn erbyn y protestwyr, ynghyd â batonau. Doedd dim gobaith gan y protestwyr yn erbyn y defnydd hwn o rym creulon, heb unrhyw ymgais i daro'n ôl. Daw Ffynhonnell 7 o'r orymdaith gyntaf a gynhaliwyd ar 7 Mawrth. Y nod oedd croesi i Alabama cyn gorymdeithio i Montgomery ac arfer eu hawl cyfansoddiadol i bleidleisio. Caiff yr orymdaith gyntaf ei galw bellach yn Sul y Gwaed, oherwydd i gynifer o wrthdystwyr gael eu hanafu yn sgil creulondeb Milwyr Talaith Alabama. Cafodd un o'r trefnwyr, Amelia Boynton, ei churo mor wael gan y lluoedd nes i brotest genedlaethol gychwyn pan gyhoeddodd y cyfryngau lun ohoni'n gorwedd yn anymwybodol ar y llawr.

Dwysaodd digwyddiadau yn sgil yr orymdaith hon, gyda thrais unwaith eto gan grwpiau cenedlaetholgar gwyn. Llofruddiwyd James Reeb, ymgyrchydd hawliau sifil, ar noson yr ail orymdaith ar 9 Mawrth. Cafwyd sawl enghraifft o anufudd-dod sifil ar draws y wlad oherwydd y gweithredoedd ar Sul y Gwaed a llofruddiaeth James Reeb. Mae'r digwyddiadau hyn yn cefnogi fy nadl bod dulliau di-drais Martin Luther King wedi achosi anafiadau ac anufudd-dod sifil, gan awgrymu nad ei ideolegau ef oedd y prif reswm bob amser dros lwyddiant y mudiad Hawliau Sifil.

Mae'r datganiad olaf yn ddilys. Byddai wedi bod yn well ei ddefnyddio i ddangos bod y ffotograff yn darlunio tystiolaeth allai helpu i ffurfio dehongliad bod arweinyddiaeth King yn llai cyfrifol am lwyddiant y mudiad Hawliau Sifil nag y mae haneswyr eraill yn ei ddadlau.

Mae'r ffynhonnell hon yn llai defnyddiol oherwydd er bod trais ac anhrefn, pasiodd Johnson y Ddeddf Hawliau Pleidleisio drwy'r Gyngres yn dilyn digwyddiadau Selma, ac felly roedd yn fuddugoliaeth arall i'r mudiad Hawliau Sifil. Roedd yn ddigwyddiad hanesyddol wrth i Johnson siarad ar deledu byw yn mynnu bod y Gyngres yn pasio'r Ddeddf. Ar 17 Mawrth, ddau ddiwrnod ar ôl ei araith, cyflwynwyd y Bil Hawliau Pleidleisio yn y Gyngres. Mae hyn unwaith eto yn dangos pwysigrwydd Johnson.

Mae'r ffynhonnell yn ddefnyddiol mewn sawl ffordd gan ei bod yn dangos y driniaeth a gafodd Americaniaid Affricanaidd yn ne America yn benodol. Er bod King yn gwybod am y driniaeth hon, roedd yn dal i geisio protestio heb ymladd yn ôl fel roedd Malcolm X a'r Black Panthers yn ei ffafrio pan oedd trais yn dod o'r ochr arall. Er bod nwy dagrau'n cael ei daflu a batonau'n cael eu defnyddio i anafu protestwyr, doedd cefnogwyr King ddim yn gallu gwneud dim mwy na rhedeg i ffwrdd, ac roedd hyn yn bendant yn wendid i fudiad King.

Nid dadansoddiad o'r ffynhonnell yw hwn – does dim cysylltiad â ffurfio ymagwedd meddwl i'w weld.

Mae awgrym ymhlith haneswyr na fyddai'r mudiad Hawliau Sifil wedi bod mor llwyddiannus heb y brwydrau hir yn y llys yn erbyn arwahanu hiliol mewn achosion hanesyddol fel *Brown* v *Bwrdd Addysg*, *Little Rock High* neu *James Meredith*, a hynny dan arweiniad yr NAACP.

Fel paragraff olaf, mae hwn yn wan. Mae angen i'r casgliad grynhoi canfyddiadau'r ateb yn gyffredinol. Cafwyd awgrymiadau drwy gydol yr ateb ynghylch rôl King a phwysigrwydd agweddau eraill fel Malcolm X, cefnogaeth wleidyddol a chefnogaeth grŵp cymdeithasol ehangach yn UDA, ond nid yw'r rhain yn cael eu crybwyll yma. Yn hytrach, mae'r ateb yn cyfeirio at rai digwyddiadau sydd ddim hyd yn oed yn cael eu crybwyll yng nghorff y gwaith. Gallai hwn fod yn llawer gwell.

■ Defnyddio'r rhestr wirio

Os caiff y rhestr wirio ar dudalen 57 ei chymhwyso i'r traethawd cyfan, gallai'r gwerthusiad ddarllen fel sydd i'w weld yn Nhabl 4.

Tabl 4 Defnyddio'r rhestr wirio gyda'r ateb enghreifftiol

Rhestr wirio	Gwerthuso	Cyngor
Ydy'r wybodaeth a ddangosir yn y traethawd yn gywir?	I raddau. Mae rhai mân wallau. Y gwendid mwyaf yw peidio â thrafod y cyd-destun hanesyddol sy'n perthyn i bob ffynhonnell.	Trafodwch y cyd-destun hanesyddol sy'n perthyn i bob ffynhonnell yn gryno. Er enghraifft, pam cynhaliwyd gorymdaith yn Washington yn 1963? Beth oedd yn digwydd i sbarduno'r gwrthdystiad hwn?
Ydy'r traethawd yn glir ac yn drefnus?	Mae'r strwythur yn sylfaenol ond mae modd ei ddilyn.	Ceisiwch gysylltu pob paragraff â'r un blaenorol.
Ydy'r traethawd yn ymdrin â'r cwestiwn a osodwyd?	Gwendid mawr yw'r diffyg casgliad priodol sy'n ateb y cwestiwn.	Mae angen gwella'r casgliad – mae'n wan.
Ydy'r traethawd yn dadansoddi a gwerthuso amrywiaeth o 6–8 ffynhonnell gynradd/gyfoes?	Nac ydy. Mae pum ffynhonnell gynradd a dau ddyfyniad o lyfr hanes yn cael eu cyflwyno fel ffynonellau cynradd.	Mae'r amrywiaeth o ffynonellau cynradd yn gadarn, ond mae angen cyfnewid y ddau ddyfyniad o'r llyfr hanes am ffynonellau cynradd.
Ydy'r traethawd yn gwerthuso'r ffynonellau cynradd/cyfoes a ddewiswyd i brofi dilysrwydd y dehongliad yn y cwestiwn?	Cysylltir y ffynonellau â rolau King, Malcolm X a Johnson; mae'r sylwadau gwerthuso ar y ffynonellau'n gwneud ymgais fras i wneud sylw ar y gwahanol ddehongliadau, ond mewn ffordd or-syml a fformiwläig.	Er mwyn cysylltu'r ffynonellau â'r amrywiol ddehongliadau o'r pwnc, mae'n bwysig mynd ymhellach na sylwadau achlysurol am 'werth i hanesydd'. Y prawf yw gwerthuso'r ffynonellau, ac yna barnu a ydyn nhw'n helpu i gryfhau neu wanhau dehongliad.
Ydy'r traethawd yn canolbwyntio'r dadansoddiad o'r ffynonellau hyn ar drafod sut a pham gallai'r dehongliad fod wedi'i ffurfio?	Ddim o gwbl. Mae'r sylwadau gwerthuso ar y cyfan yn gyffredinol, ac mae diffyg cyfeirio at gyd-destun nac ymholiad penodol.	Mae angen i'r gwaith o werthuso'r ffynonellau ganolbwyntio ar sut byddai hanesydd yn gallu defnyddio'r deunydd i ffurfio neu gefnogi barn benodol.
A oes trafodaeth ddilys yn y traethawd ar yr hanesyddiaeth yn ymwneud â'r pwnc dan sylw – hynny yw, a oes dealltwriaeth gref o'r ddadl hanesyddol?	Dim o gwbl. Mae hwn yn wendid mawr arall. Ar wahân i sylwadau fel 'gwerth i hanesydd', does dim arwydd bod hwn yn fater sydd wedi'i drafod ymhlith ysgolion gwahanol o feddwl.	Gwneud yn siŵr bod y paragraffau agoriadol yn amlinellu'r ddadl rhwng haneswyr yn glir. Unwaith mae hyn wedi'i sefydlu, mae'n bosibl gwerthuso'r deunydd ffynhonnell mewn perthynas â'r ddadl.

▪ Cyflwyno eich traethawd

Nawr fe ddylech fod yn barod i gyflwyno eich asesiad di-arholiad i gael ei asesu. Mae tair eitem hanfodol sy'n gorfod cael eu cyflwyno:

- eich asesiad di-arholiad — traethawd 3,000–4,000 gair yn cynnig ateb i'r cwestiwn a osodwyd i chi
- y ffurflen ddilysu – cadarnhad, wedi'i lofnodi gennych chi a'ch athro, mai eich gwaith chi yn unig yw'r gwaith sy'n cael ei gyflwyno
- y cofnod adolygu – naill ai'n ffurfiol neu'n benodol – lle rydych chi'n amlinellu canlyniadau'r adolygiad a gynhaliwyd gyda'ch athro

Yn ogystal, gallwch gynnwys eich log dysgwr os ydych chi wedi cwblhau un, ond nid yw hyn yn orfodol.

Diwyg

- Cofiwch fod angen cyflwyno eich asesiad ar brosesydd geiriau gan ddefnyddio ffont a maint ffont synhwyrol, fel bod eich ateb yn hawdd ei ddarllen. Defnyddiwch fformatio priodol hefyd, gyda phenynnau, troedynnau ac ymylon o'r maint priodol.
- Dylai'r cwestiwn rydych chi'n ei ateb ymddangos ar frig tudalen gyntaf eich asesiad di-arholiad. Gwnewch yn siŵr mai dyma'r union gwestiwn sydd wedi'i gymeradwyo gan CBAC. Peidiwch â chael eich temtio i'w addasu o gwbl.
- Dylai fod rhif ar bob tudalen o'ch adroddiad.
- Nodwch eich enw a'ch rhif ymgeisydd ar bob tudalen – gan gynnwys y dudalen deitl.
- Nodwch nifer y geiriau ar ddiwedd y gwaith – ond peidiwch â chynnwys ffynonellau, priodoliadau, troednodiadau na'r llyfryddiaeth yn y nifer hwn. Mae'r nifer geiriau yn dangos eich gallu i fod yn eglur a chryno.
- Gwnewch yn siŵr eich bod wedi gwirio'r holl sillafu a gramadeg drwy brawf ddarllen a/neu ddefnyddio meddalwedd priodol.
- Styffylwch dudalennau eich gwaith at ei gilydd mewn trefn, a'i gyflwyno mewn ffolder amlen plaen. Dylai eich ysgol allu darparu un o'r rhain.

Pethau i'w hosgoi

- Peidiwch â chyflwyno eich asesiad di-arholiad mewn ffeil fodrwy.
- Peidiwch â defnyddio pocedi plastig.
- Does dim angen tudalen gynnwys – nid project yw hwn.
- Does dim angen labelu ac enwi rhannau gwahanol eich asesiad.
- Does dim angen cynnwys nodiadau bras na drafftiau – ond cadwch y rhain rhag ofn y bydd eich ysgol neu CBAC yn codi amheuaeth am ddilysrwydd.
- Peidiwch â chynnwys copïau wedi'u hargraffu o ymchwil rydych chi wedi'i gynnal – er enghraifft o wefannau neu gopïau o benodau o lyfrau.

Atodiad 1 Cynllun marcio

Dyma'r cynllun marcio ar gyfer yr asesiad di-arholiad, wedi'i rannu i'w dri Amcan Asesu. Mae'r meini prawf yn y colofnau ar y dde yn diffinio'r nodweddion sydd i'w disgwyl yn y gwaith ar gyfer pob AA. Drwy gymhwyso'r cynllun marcio hwn i'ch gwaith, gallwch sicrhau bod y marciau a gewch yn gyson â'r rhai sy'n cael eu rhoi i'r holl ddysgwyr sy'n astudio TAG Hanes CBAC.

Amcan Asesu 1		
Band 6	13–15 marc	Mae'r dysgwr yn gallu dadansoddi a gwerthuso'r materion allweddol yn effeithiol mewn perthynas â'r cwestiwn a osodwyd. Mae'n dod i farn â ffocws, sy'n cael ei chynnal a'i chyfiawnhau. Mae'r dysgwr yn gallu arddangos, trefnu a chyfathrebu gwybodaeth fanwl gywir sy'n dangos dealltwriaeth glir o'r cyfnod a astudiwyd. Mae'r dysgwr yn gallu cyfathrebu'n glir ac yn rhugl, gan ddefnyddio iaith briodol a strwythur gyda lefel uchel o gywirdeb mewn ymateb sy'n gydlynol, clir, cryno ac wedi'i lunio'n dda.
Band 5	10–12 marc	Mae'r dysgwr yn gallu dadansoddi a gwerthuso'r materion allweddol yn effeithiol mewn perthynas â'r cwestiwn a osodwyd. Mae ymgais glir i lunio barn wedi'i chyfiawnhau a'i chefnogi. Mae'r dysgwr yn gallu arddangos a threfnu gwybodaeth hanesyddol berthnasol a manwl gywir o'r cyfnod a astudiwyd. Mae'r dysgwr yn gallu cyfathrebu'n fanwl gywir ac yn rhugl gan ddefnyddio iaith briodol a strwythur gyda lefel uchel o fanwl gywirdeb.
Band 4	7–9 marc	Mae'r dysgwr yn gallu dangos dealltwriaeth o'r materion allweddol gan arddangos dadansoddi a gwerthuso cadarn. Mae barn i'w gweld ond mae diffyg cefnogaeth neu gadarnhad. Mae tystiolaeth o ddefnyddio gwybodaeth yn fanwl gywir a chyfathrebu ysgrifenedig o ansawdd dda gyda lefel weddol o fanwl gywirdeb.
Band 3	5–6 marc	Mae'r dysgwr yn gallu dangos dealltwriaeth trwy ddadansoddi a gwerthuso rhywfaint ar y materion allweddol. Mae ymgais i lunio barn ond nid yw wedi'i chefnogi'n gadarn nac yn gytbwys. Mae rhywfaint o wybodaeth berthnasol yn cael ei harddangos ac mae ansawdd y cyfathrebu ysgrifenedig yn rhesymol ac yn cyfleu'r ystyr yn glir er efallai fod gwallau sillafu, atalnodi a gramadeg.
Band 2	3–4 marc	Mae'r dysgwr yn cynnig rhywfaint o wybodaeth berthnasol am y cwestiwn gosod sy'n cael ei dethol a'i defnyddio'n briodol. Mae ymgais i ddarparu barn ar y cwestiwn a osodwyd. Mae ansawdd y cyfathrebu ysgrifenedig yn rhesymol ac yn cyfleu'r ystyr er efallai fod gwallau.
Band 1	1–2 marc	Mae'r dysgwr yn darparu gwybodaeth gyfyngedig am y mater. Ni cheir fawr o ymgais i ddarparu barn am y cwestiwn a osodwyd. Mae ymgais i gyfleu ystyr ond mae gwallau i'w gweld.
Dylid dyfarnu 0 marc am ymateb amherthnasol neu anghywir.		

		Amcan Asesu 2
Band 6	13–15 marc	Mae'r dysgwr yn dangos dealltwriaeth glir o gryfderau a gwendidau'r ffynonellau a ddewiswyd. Bydd y ffynonellau wedi'u dadansoddi a'u gwerthuso'n glir yn nghyd-destun hanesyddol yr ymholiad gosod. Bydd y dysgwr yn cynnal ac yn datblygu ei ymgais i ddefnyddio'r ffynonellau'n uniongyrchol i ateb y cwestiwn penodol a osodwyd.
Band 5	10–12 marc	Mae'r dysgwr yn gallu dangos dealltwriaeth glir drwy ddadansoddi a gwerthuso'r ffynonellau a ddewiswyd yn eu cyd-destun hanesyddol, gan gynnwys ystyried eu cryfderau a'u gwendidau o ran yr ymholiad penodol. Mae'r dysgwr yn defnyddio'r ffynonellau'n briodol i gefnogi'r farn a luniwyd am yr ymholiad penodol.
Band 4	7–9 marc	Mae'r dysgwr yn gallu dadansoddi a gwerthuso'r ffynonellau a ddewiswyd i ddatblygu ymateb sy'n dechrau trafod cryfderau a gwendidau'r ffynonellau yng nghyd-destun yr ymholiad penodol. Mae'r dysgwr hefyd yn dangos ymwybyddiaeth o'r cyd-destun hanesyddol ehangach gan ddefnyddio'r ffynonellau i gefnogi'r farn a luniwyd am yr ymholiad penodol.
Band 3	5–6 marc	Mae'r dysgwr yn gallu dadansoddi a gwerthuso'r ffynonellau a ddewiswyd i ddatblygu ymateb sy'n dechrau trafod cryfderau a gwendidau'r ffynonellau yng nghyd-destun yr ymholiad penodol.
Band 2	3–4 marc	Mae'r dysgwr yn dechrau dadansoddi a gwerthuso'r ffynonellau i ddatblygu ymateb sy'n gwneud ymgais i wneud sylwadau ar eu defnydd yn yr ymholiad penodol. Mae gwerthusiad y ffynonellau hyn yn fecanyddol ac mae diffyg cyd-destun.
Band 1	1–2 marc	Mae'r dysgwr yn defnyddio'r ffynonellau ar gyfer eu cynnwys yn unig. Cyfyngedig yw'r dystiolaeth o ddefnyddio amrywiaeth o ffynonellau.
		Dylid dyfarnu 0 marc am ymateb amherthnasol neu anghywir.

		Amcan Asesu 3
Band 6	26–30 marc	Mae'r dysgwr yn gallu trafod y cwestiwn a osodwyd yng nghyd-destun dehongliadau eraill. Mae'r dysgwr yn gallu ystyried dilysrwydd y dehongliadau yn nhermau datblygiad y cyd-destun hanesyddiaethol, ac yn gallu arddangos dealltwriaeth o sut a pham mae'r mater wedi'i ddehongli mewn ffyrdd gwahanol. Mae'r dysgwr yn gallu trafod pam mae hanesydd penodol neu ymagwedd ar hanes yn llunio dehongliad yn seiliedig ar y dystiolaeth yn y ffynonnell a ddefnyddiwyd.
Band 5	21–25 marc	Mae'r dysgwr yn gallu trafod y cwestiwn a osodwyd yng nghyd-destun dehongliadau eraill, ac yn benodol trafod gwaith haneswyr gwahanol a/neu ymagweddau ar hanes i ddangos dealltwriaeth o ddatblygiad y ddadl hanesyddol. Mae'r dysgwr yn gallu dadansoddi a gwerthuso'r materion allweddol yn y cwestiwn a osodwyd wrth ystyried y dehongliad yn y cwestiwn.
Band 4	16–20 marc	Mae'r dysgwr yn gallu ystyried y cwestiwn a osodwyd yn nhermau sut datblygodd y ddadl hanesyddol dan sylw. Mae ymgais i esbonio pam mae dehongliadau gwahanol wedi'u ffurfio a rhoddir ystyriaeth i wrthddadl i'r hyn a gyflwynwyd yn y cwestiwn.
Band 3	11–15 marc	Mae'r dysgwr yn gallu trafod y cwestiwn a osodwyd yn nhermau sut datblygodd y ddadl hanesyddol dan sylw. Mae peth ymgais i esbonio pam y lluniwyd y gwahanol ddehongliadau hyn.
Band 2	6–10 marc	Mae'r dysgwr yn gallu dangos dealltwriaeth o'r cwestiwn a osodwyd. Mae ymgais i lunio barn am y cwestiwn a osodwyd ond nid yw wedi'i gefnogi'n gadarn nac yn gytbwys. Mae trafodaeth yr ymgeisydd o'r dehongliad yn ddilys, gyda chyfeiriad at ddehongliadau eraill.
Band 1	1–5 marc	Mae'r dysgwr yn gwneud ymgais i drafod y dehongliad drwy dueddu i gytuno neu anghytuno â'r dehongliad. Mae unrhyw farn a luniwyd yn gyfyngedig ac nid yw wedi'i chefnogi.
		Dylid dyfarnu 0 marc am ymateb amherthnasol neu anghywir.

Atodiad 2 Gridiau hunanasesu

Dyma gyfres o gridiau hunanasesu y gallwch chi eu defnyddio i wirio agweddau ar eich asesiad di-arholiad.

Gosod y cwestiwn	Ydy	Nac ydy
Mae'r pwnc yn fy nghwestiwn yn un adnabyddus neu brif ffrwd.		
Mae fy nghwestiwn yn adlewyrchu dadl hanesyddol glir am y testun dan sylw.		
Mae fy nghwestiwn yn cynnwys ymadrodd gwerthusol sy'n gadael i mi lunio barn ddilys sydd wedi'i chefnogi.		
Mae'r pwnc yn fy nghwestiwn yn gadael i mi ddefnyddio digon o amrywiaeth o ffynonellau cynradd.		
Mae fy nghwestiwn yn osgoi bod yn rhy debyg i gynnwys fy Astudiaeth Fanwl.		

Ysgrifennu cyflwyniad	Ydy	Nac ydy
Mae'r cwestiwn yn amlwg i mi o ddarllen fy nghyflwyniad.		
Mae fy nghyflwyniad yn cyfeirio at wahanol ddehongliadau a/neu ddatblygiad y ddadl hanesyddol.		
Mae fy nghyflwyniad yn cyfeirio at y dystiolaeth gynradd.		
Mae fy nghyflwyniad yn awgrymu ateb i'r cwestiwn a osodwyd.		

Ar gyfer pob ffynhonnell gynradd rydych chi'n ei gwerthuso, ydych chi wedi:	Ydw	Nac ydw
Nodi'r math o ffynhonnell?		
Crynhoi cynnwys y ffynhonnell yn fyr?		
Nodi hygrededd yr awdur/crëwr a gwneud sylw arno?		
Cyfeirio at y gynulleidfa bosibl?		
Ystyried cyd-destun hanesyddol y ffynhonnell?		
Ystyried a oes modd cadarnhau'r ffynhonnell?		
Ystyried sut gallai'r ffynhonnell alluogi cefnogi dehongliad penodol?		

Ar gyfer pob dehongliad rydych chi'n ei drafod, ydych chi wedi:	Ydw	Nac ydw
Nodi bod y dehongliad penodol yn perthyn i farn benodol neu ysgol hanes benodol?		
Trafod a yw'r hanesydd yn ysgrifennu gyda phwrpas penodol mewn golwg?		
Amlinellu a yw'r dehongliad yn cael ei gefnogi'n ddigonol gan amrywiaeth o ffynonellau cynradd priodol?		
Penderfynu, gyda rhesymau, a yw'r dehongliad hwn yn argyhoeddi yn fwy neu'n llai na dehongliadau eraill o'r un pwnc?		

Ysgrifennu casgliad	Ydy	Nac ydy
Mae'r cwestiwn yn amlwg i mi o'r casgliad.		
Mae fy nghasgliad yn osgoi llithro tuag at fod yn ddisgrifiad.		
Mae fy nghasgliad yn cyfeirio at o leiaf dau ddehongliad neu ysgol hanes wahanol.		
Mae fy nghasgliad yn cyfeirio at y dystiolaeth sy'n sail ar gyfer creu dehongliad.		
Mae fy nghasgliad yn cynnwys ateb clir i'r cwestiwn.		

Diwyg	Ydy	Nac ydy
Mae fy nhraethawd wedi'i gyflwyno drwy brosesydd geiriau.		
Mae fy nhraethawd yn cynnwys 3000–4000 o fy ngeiriau fy hun.		
Mae nifer y geiriau wedi'i nodi.		
Mae fy ffynonellau cynradd ac unrhyw ddetholiadau wedi'u cyfeirio'n glir ac wedi'u gosod yn y traethawd.		
Mae pob tudalen o'r ymateb wedi'i labelu gyda phennyn sy'n cynnwys rhif fy nghanolfan, fy enw a fy rhif.		
Mae troednodiadau a llyfryddiaeth wedi'u cynnwys.		

Gwirio fy ateb yn derfynol	Ydy	Nac ydy
Ydy fy ateb yn dangos gwybodaeth gywir?		
Ydy fy ateb yn glir ac yn drefnus?		
Ydy fy ateb yn ymdrin â'r cwestiwn dan sylw?		
Ydy fy ateb yn dangos fy mod wedi gwerthuso amrywiaeth o 6–8 o ffynonellau cynradd neu gyfoes?		
Ydy'r traethawd yn dangos fy mod i wedi gwerthuso'r ffynonellau cynradd/cyfoes a ddewiswyd i brofi dilysrwydd y dehongliad sydd yn y cwestiwn?		
Ydy'r traethawd yn dangos fy mod i wedi dadansoddi'r ffynonellau hyn mewn perthynas â sut a pham y gallai'r dehongliadau fod wedi cael eu ffurfio?		
Ydy fy ateb yn dangos dealltwriaeth glir o ddatblygiad y ddadl hanesyddol ynghylch y mater?		